绥化学院 2020 年度校本实践教材编写立项资助项目

工程测量实验指导

主　编　周利军
副主编　张庆海

黄河水利出版社
·郑州·

内容提要

本书是绥化学院2020年度校本实践教材立项资助项目，作为工程测量课程实践教学用书。全书共分为4个部分。第一部分为工程测量实验须知、工程测量实验室简介；第二部分是25个测量实验项目及工程测量综合实习，具体包括水准仪、经纬仪、全站仪、静态接收机、GNSS-RTK等测量仪器的使用；第三部分为工程测量教学过程中涉及的典型习题及工程测量课程实践考核说明；第四部为附录，主要是2016年以来绥化学院农业与水利工程学院组织学生参加省级测量大赛获奖情况统计及部分获奖证书。本书可作为本科及大、中专院校的建筑工程、水利工程、工程造价、城市规划等专业的工程测量课程实验实习教材，也可供从事测绘工作的工程技术人员参考。

图书在版编目(CIP)数据

工程测量实验指导/周利军主编. —郑州：黄河水利出版社，2021.1

ISBN 978-7-5509-2912-8

Ⅰ.①工…　Ⅱ.①周…　Ⅲ.①工程测量-高等学校-教学参考资料　Ⅳ.①TB22

中国版本图书馆CIP数据核字(2021)第015760号

出 版 社：黄河水利出版社　　网址：www.yrcp.com

地址：河南省郑州市顺河路黄委会综合楼14层　　邮政编码：450003

发行单位：黄河水利出版社

发行部电话：0371-66026940、66020550、66028024、66022620(传真)

E-mail：hhslcbs@126.com

承印单位：河南承创印务有限公司

开本：787 mm×1 092 mm　1/16

印张：8.5

字数：202千字　　印数：1—1 000

版次：2021年1月第1版　　印次：2021年1月第1次印刷

定价：25.00元

前　言

《工程测量实验指导》是工程测量实践部分的专用指导教材，本书在编写过程中除依据课程教学大纲、部分测量规范外，还参照了绥化学院工程测量实验室现有的仪器设备。在内容上删除了微倾式水准仪、光学经纬仪的相关操作及仪器校验内容，较大篇幅地增加了全站仪、静态接收机、GNSS-RTK 及数字测图等内容。本教材的编写目的是既提高工程测量课程教学质量，又提高实验室仪器设备利用率。

本书共分成 4 个部分，第一部分是工程测量实验须知和工程测量实验室简介，主要包括测量实验规定、仪器使用注意事项、数据记录与计算规则等内容；第二部分是 25 个测量实验项目和工程测量综合实习；第三部分是工程测量教学过程中涉及的典型习题及工程测量课程实践考核说明；第四部分是附录，主要是 2016 年以来绥化学院农业与水利工程学院组织学生参加省级测量大赛获奖情况统计及部分获奖证书。全书编写重视学生自学能力的培养，突出实践操作环节指导，具有很强的实用性。

参加本书编写的人员和分工如下：工程测量实验须知、工程测量实验室简介、实验一～实验十五由张庆海编写；实验十六～实验二十五、工程测量综合实习、典型习题等内容由周利军编写。全书由周利军统一修改定稿。

本教材在编写过程中参照了山东农业大学李希灿老师、黄河水利职业技术学院靳祥升老师、云南农业大学王建雄老师编写的测量实验指导教材，同时还参考了部分仪器设备使用手册、软件操作手册及测量规范，在此向各位老师、使用手册的编写者、仪器设备生产厂商表示感谢。由于编者水平有限，书中难免存在不当之处，敬请各位读者批评指正。

编　者

2020 年 9 月

目 录

工程测量实验须知

一、测量实验规定

(1)在实验开始前,应仔细阅读本教材相关章节内容,明确实验目的与要求,熟悉实验步骤,注意有关事项,提前准备好相关文具用品。

(2)实验需分组进行,每组4~5人。每组选出一名组长,负责协调组织实验工作。

(3)实验应在规定的时间内完成,不得迟到或早退,除此之外要在指定的场所进行,确保安全。

(4)服从指导教师的安排,所有实验人员要认真、仔细阅读本教材相关内容,养成独立工作的能力和严谨的科学态度,同时要发扬互助协作精神。

(5)实验过程中要遵守纪律、爱护仪器,爱护现场的花草树木和公共设施。

二、测量仪器使用注意事项

(1)搬运仪器时要检查仪器箱盖是否关好锁紧,拉手、背带是否牢固。

(2)仪器安置在三脚架上时,要一手握住仪器,一手去拧中央连接螺旋,将连接螺旋拧紧,确保仪器与三脚架连接牢固。

(3)仪器装箱前一定要关闭电源,如果有制动螺旋,一定将制动螺旋松开。

(4)转动仪器时,特别是经纬仪和全站仪,应先松开制动,再旋转仪器;使用微动螺旋时,应先旋紧制动螺旋。

(5)如果进行测量时风比较大,人要与仪器保持半米的距离,不可远离仪器,以防止风把仪器吹倒,损坏仪器。

(6)仪器迁站时,如距离长,要把仪器装箱运输;如距离短且地势平坦,搬运前在确保中央连接螺旋拧紧的前提下,收拢脚架,一手握住基座,另一手握住三脚架,竖直搬运仪器,严禁横扛仪器。

(7)各种制动螺旋勿拧过紧,微动螺旋和脚螺旋应尽量保持在中间的状态,不要拧到顶端。

(8)在野外使用仪器时应尽量撑伞,严防日晒雨淋。

(9)使用水准尺(塔尺)或对中杆时,要注意地面和空中环境,不要举过高,往地上安置时也要注意是否有电源线,以防止触电事故发生。

(10)激光仪器,如测距仪、电子经纬仪、全站仪等,不要用激光照射人的眼睛,以免对人体产生伤害。

三、记录与计算规则

(1)所有原始观测数据均要用铅笔记录。

(2)观测者读数后，记录者立即在测量表格上相应位置记录，并复读回报，以防听错、记错，更不能先记录后转抄。

(3)记录时字体要工整、清晰，字体大小占格宽的一半左右，尽量靠近格底线，上半部分预留改正使用。

(4)数据位数要全，如水准测量应记录四位，不足的补0，例如正常情况下读数为1.3 m，应记录为1.300 m，角度测量中“度”和“分”应记两位，如果是一位，前面应补0，如36度2分3秒，应记录为36°02′03″，0均应填写。

(5)水平角观测时，秒值读记错误应该重新观测，度、分读错记错可以现场更改，但同一方向盘左、盘右不得同时更改相关联数字。

(6)在距离测量和水准测量中，厘米及以下数值不得更改。

(7)更正错误，应将错误数字、文字整齐划去，在上方另记正确的数字和文字，同时要标明原因。

(8)在计算过程中要按照四舍六入五取偶(奇进偶不进)的原则进行计算，如数据2.2215和2.2225，进位均为2.222。

工程测量实验室简介

工程测量实验室始建于2013年,面积52 m^2,资产总值为120余万元,配备有全站仪、水准仪、经纬仪、RTK、手持GPS、数字水准仪、GPS连续运行基准站、地形地籍处理软件CASS9.0、地理信息系统软件ArcGIS、遥感图像处理软件ERDAS IMAGE、无人机航片处理软件Pix4Dmapper等软硬件设备,仪器设备展示见图1,可满足人文地理与城乡规划专业、水利水电工程专业及工程造价专业的测量学、工程测量、测量实习、数字测图、地籍测量与管理及测量实习等课程需要。2016年以来,工程测量实验室参加省级测量大赛中获得一等奖9人次,二等奖63人次,三等奖4人次,获批黑龙江省大学生创新计划重点项目1项,发明实用新型专利1项。

(a)

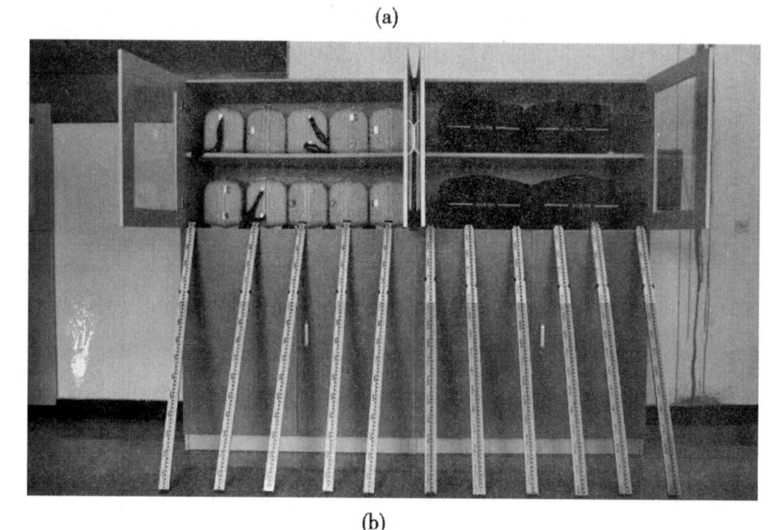

(b)

图1　工程测量实验室仪器设备展示

工程测量实验室设备清单见表1。

表1　工程测量实验室设备清单

序号	仪器名称	型号	数量	生产厂家
1	电子经纬仪	DJD2-PG	3	北京博飞仪器股份有限公司
2	激光经纬仪	DT02L	7	广州南方测绘科技股份有限公司
3	水准仪	DSZ3	20	苏一光测绘仪器经销有限公司
4	电子水准仪	350 m	3	莱卡测量系统(上海)有限公司
5	全站仪	NTS-372R	10	广州南方测绘仪器有限公司
6	智能型全站速测仪	RTS110	10	苏州一光仪器有限公司
7	智能化小型全站仪	ATS-320M	1	广州中海达卫星导航技术股份有限公司
8	激光经纬仪	FDT2CSL	3	西安博汇仪器仪表有限公司
9	GPS 接收机(RTK)	S86T-T	6	广州南方测绘仪器有限公司
10	测地型 GNSS 接收机	x90	1	上海华测导航技术有限公司
11	cors 基准站	vnet6	1	广州中海达卫星导航技术股份有限公司
12	手持 GPS 定位仪	LT500H	5	上海华测导航技术有限公司
13	GPS 手持机	210	10	麦哲伦导航定位公司
14	静态 GPS	9600	3	广州南方测绘科技股份有限公司
15	手持式激光测距仪	DISTO-2	2	广州南方测绘科技股份有限公司
16	南方 CASS 地形地籍成图软件	9.1	60	广州南方数码科技有限公司

实验一　水准仪的认识及使用

一、仪器简介

(一)水准仪

水准仪是水准测量的主要仪器。按水准仪所能达到的精度,它分为 DS_{05}、DS_1、DS_3 及 DS_{10} 等几种型号。其中“D”和“S”表示“大地测量”和“水准仪”中“大”和“水”的汉语拼音的首字母,下标“05”“1”“3”及“10”等数字表示仪器所能达到的精度,如“05”“3”表示对应型号的水准仪进行 1 km 往返水准测量的高差中误差分别能达到±0.5 mm 和±3 mm。仪器型号中的数字越小,仪器精度越高。DS_{05}、DS_1 型水准仪属于精密水准仪,用于高精度水准测量,DS_3 和 DS_{10} 属于普通水准仪,主要用于国家三、四等水准测量或一般工程测量,本节主要介绍 ZDS_3 型水准仪及其使用。ZDS_3 水准仪如图 2 所示。

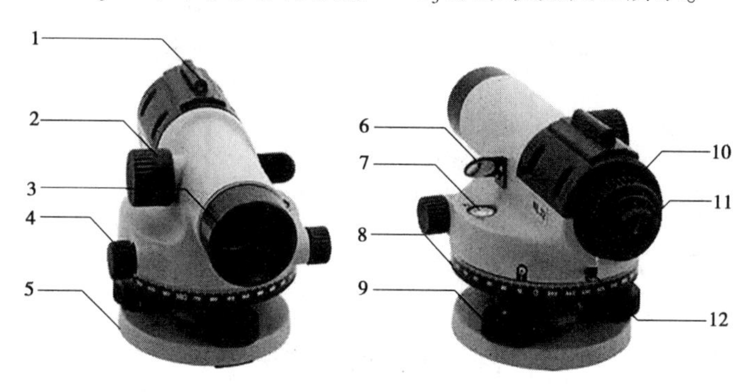

1—粗瞄器; 2—物镜调焦螺旋;3—物镜;4—水平微动螺旋;5—基座;6—水泡观察器;
7—圆水准器;8—度盘;9—角螺旋;10—目镜罩;11—目镜(目镜调焦螺旋);12—度盘指示牌

图 2　ZDS_3 水准仪

(二)水准尺

水准尺是水准测量时用以读数的重要工具,其质量的好坏直接影响水准测量的精度,水准尺材质以木材或玻璃钢为主,尺长从 2~7 m 不等,根据它们的构造,常用的水准尺可分为直尺和塔尺两种,直尺又分为单面水准尺和双面水准尺,如图 3 所示。水准尺的两面每隔 1 cm 涂有黑白或红白相间的分格,每分米处注有数字。双面水准尺的两面均有刻划,一面为黑白分划,称为“黑面尺”,也称为主尺;另一面为红白分划,称为“红面尺”。通常两根尺子组成一对进行水准测量。两直尺的黑面起点读数均为 0 mm,红面起点则分别为 4 687 mm 和 4 787 mm。水平视线在同一根水准尺上的黑面与红面读数之差称为尺底的零点差,可作为水准测量时读数的检核。塔尺是可以伸缩的水准尺,长度为 3 m、5 m 或 7 m,尺子底端起始数均为 0 m,每隔 1 cm 或 0.5 cm 涂有黑白或红白相间的分格,每米和分米处皆注有数字,一般用于地形起伏较大,精度要求较低的水准测量。

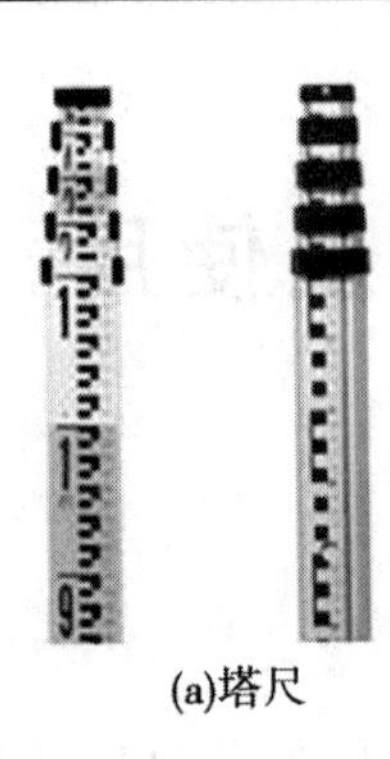

(a)塔尺

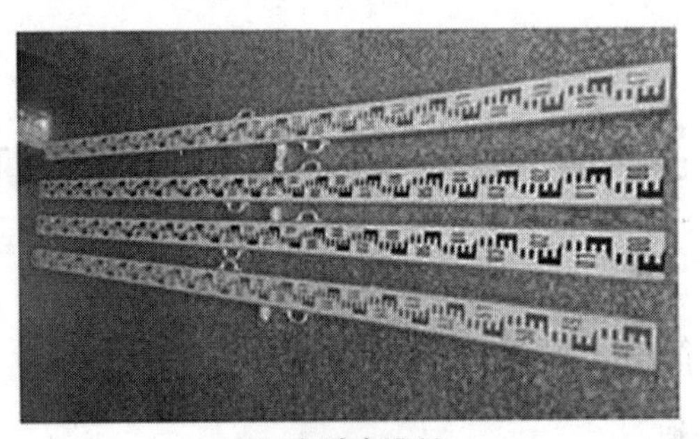

(b)木质水准尺

图 3 水准尺

(三)尺垫

尺垫一般由三角形铸铁制成,中央是突起的半圆球体,下面有三个尖脚,如图 4 所示。在精度要求较高的水准测量中,转点处应放置尺垫,尺垫使用时应先将其用脚踩实,然后竖立水准尺于半圆球顶上,以防止观测过程中水准尺下沉或位置发生变化而影响读数。

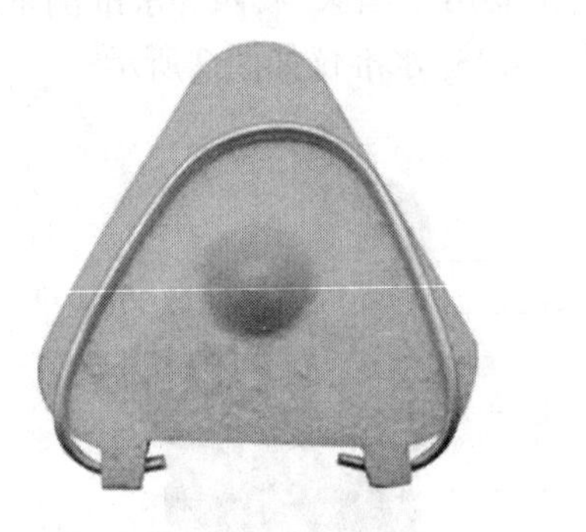

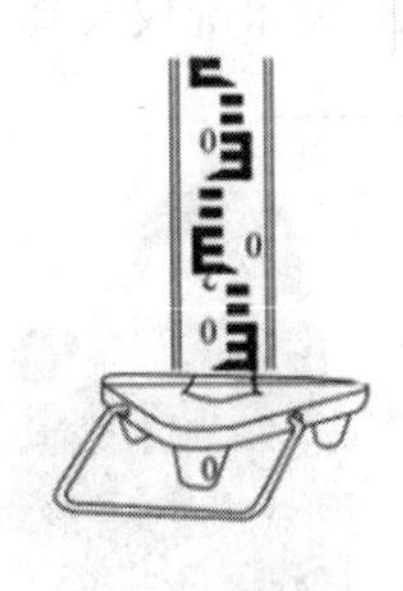

图 4 尺垫及尺垫用法

二、实验目的

(1)初步掌握 ZDS_3 型水准仪的基本结构,认识各个部件的名称和作用。

(2)初步掌握水准仪的安置、整平、瞄准和读数。

(3)学会两点间高差测量的方法。

三、实验器具

水准仪 1 台,脚架 1 个,水准尺 1 对,尺垫 1 对。

四、实验步骤

(一)安置仪器

将三脚架打开,使架头大致水平,高度适中,脚架稳定(踩实),然后利用连接螺旋将水准仪固定在三脚架上。

(二)了解水准仪各部件的功能及使用方法

(1)转动目镜调焦螺旋,使望远镜中的十字丝分划板清晰;旋转物镜调焦螺旋,使物像清晰。

(2)旋转脚螺旋,使圆水准气泡居中。

(3)转动望远镜使用粗瞄器瞄准目标;转动水平微动螺旋,使望远镜精确瞄准目标。

(三)整平练习

(1)通过脚螺旋调整。在脚架头大致水平的前提下,可以通过旋转脚螺旋来使圆水准气泡居中,具体操作过程如图 5 所示。

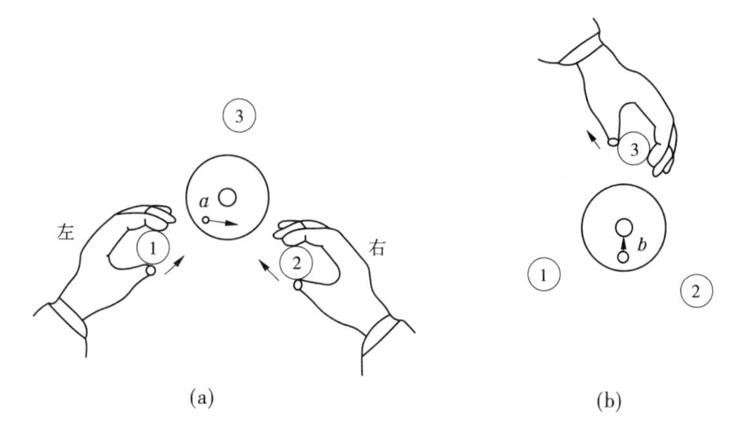

图 5　脚螺旋整平

(2)伸缩脚架的方法。通过观察圆水准气泡所在的位置,用升高或降低脚架的方法也能够使圆水准气泡居中。

(四)读数练习

整平后,用望远镜粗瞄器瞄准水准尺,分别调节目镜调焦螺旋和物镜调焦螺旋,使十字丝分划板和尺子的像都清晰,上下移动眼睛,观察十字丝分划板和尺子像之间是否有相对运动,如果有,说明有视差,反复调节目镜调焦螺旋和物镜调焦螺旋,直至十字丝分划板和尺子像之间的相对运动消失,说明视差已经消除。通过旋转水平微动螺旋精确描准,使十字丝竖丝位于尺子的中间,用中丝读数。读数时从小往大读四位,并记录。

(五)高差测量练习

(1)在仪器前后距离大致相等的位置各立一根水准尺,分别读出中丝所截取的尺面读数,并记录下来,利用后视读数减去前视读数,获取两点间高差。

(2)水准尺的位置不动,重新安置仪器,使仪器升高或降低 10 cm 左右,重新测量两点间的高差,两点间高差之差不大于 5 mm,则取两次观测的平均数作为两点间的高差。

五、注意事项

(1)读数前,圆水准器气泡要居中,当完成后视观测后,转向前视观测时,仍要检查圆水准器气泡是否居中,如不居中,则重新安置仪器,重新观测。

(2)读数前,要反复调整目镜调焦螺旋和物镜调焦螺旋,以消除视差。

(3)脚螺旋不要旋转到极限,应保持在中间运行。

(4)观测者的身体各部位不得接触脚架,脚架的高度要适合,跨度不宜过大或过小。

六、练习题

(1)水准仪由________、________、________组成。

(2)水准仪粗略整平的步骤是:

(3)水准仪照准水准尺的步骤是:

(4)消除视差的方法是:

七、记录表格

水准观测记录表见表2。

表2　水准观测记录表

后视读数(mm)	前视读数(mm)	高差(mm)	观测人	后视读数(mm)	前视读数(mm)	高差(mm)	观测人

实验二　普通水准测量
(连续水准测量及内业计算)

一、实验目的

(1)掌握水准测量的观测、记录、计算和检核方法。

(2)掌握水准路线的布设形式。

(3)掌握高程闭合差的调整及高程的计算方法。

二、实验仪器

每组 4 人,领用水准仪 1 台,脚架 1 个,水准尺 1 对,尺垫 1 对。

三、实验内容

(1)做闭合水准线路测量或附合水准路线测量(至少观测 4 站)。

(2)观测精度满足要求后,对观测结果进行水准线路高程闭合差调整计算,并求出待测点高程。

四、实验步骤

(1)选定一条闭合水准路线,其长度以测量 4 站为宜,确定起点及前进方向。

(2)在起点和第一个待测点上分别立水准尺,在距离两点大致相等处安置水准仪,分别观测后视读数 a_1 和前视读数 b_1,计算高差 h_1,改变仪器高度(或换水准尺的另一面),再读取后、前视读数 A_1、B_1,计算高差 H_1,检查高差是否超限,如两次高差之差不大于 5 mm,取两次观测的平均数作为最终高差。完成计算后将仪器搬迁至第一点和第二点中间的位置,按前述方法观测出 h_2,并依次推进,分别测出 h_3、h_4 等各段高差。

(3)根据已知点高程及各测站的观测高差,计算水准线路的高差闭合差,并在限差内对闭合差进行配赋,推算各待测点的高程。

五、技术规定

(1)视线长度不超过 100 m,且前、后视距大致相等。

(2)限差要求

$$f_{h允} = \pm 40\sqrt{L}\ \text{mm} \quad 或 \quad f_{h允} = \pm 12\sqrt{n}\ \text{mm}$$

式中　L——水准路线长度,km;

n——测站数。

六、注意事项

(1)读数前圆水准器气泡要严格居中,用十字丝分划板中丝读数,读数时要注意消除视差。

(2)迁站时前尺不要移动,已知点和待求点上不得放置尺垫。

(3)记录员在记录读数时要复读,记录要用铅笔记录,书写清晰、准确,各项计算要准确,超限应重新观测。

(4)水准尺必须扶直,不能前后左右倾斜,要双手扶尺。

七、练习题

(1)水准路线有哪几种形式?

(2)水准测量中,何为转点?有什么作用?

(3)在水准测量中,当望远镜由后视变成前视时,发现圆水准器气泡不居中,应如何处理?

八、普通水准测量记录表格

普通水准观测手簿见表3。

表 3　普通水准观测手簿

测站	测点	水准尺读数(mm)		高差(mm)	平均高差(mm)	高程(m)	备注
		后视读数	前视读数				
Σ							

高程误差配赋表见表 4。

表 4　高程误差配赋表

点号	高差(m)	改正数(mm)	改正后高差(m)	高程(m)	备注
Σ					

$f_h =$　　　　　　$f_{h允} =$

实验三　经纬仪的认识及使用

一、电子经纬仪简介

电子经纬仪是一种集光、机、电为一体的新型测角仪器，该仪器的水平度盘和竖直度盘及其读数装置分别采用两个相同的光栅度盘和读数传感器进行角度测量。目前，电子经纬仪有两种形式：一种是只具有测角功能的单独电子经纬仪，另一种是将电子经纬仪与测距仪设计为一体的。电子经纬仪具有功能丰富、操作简单、强大的内存管理、自动化数据采集、中文界面和菜单。

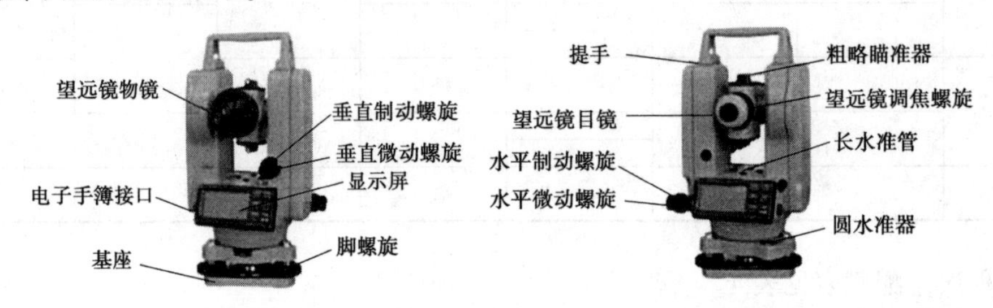

图6　电子经纬仪构造

二、实验目的

了解电子经纬仪的基本构造及各部件功能，练习经纬仪对中、整平、照准、读数（对中误差小于3 mm，整平误差不超过1格），测量两个方向的水平角。

三、实验仪器

电子经纬仪1台、三脚架1个、记录板1个。

四、实验步骤

（一）安置仪器

在测站上安置三脚架，调整三脚架的高度适合观测，架头大致水平，用中心连接螺旋将经纬仪固定在三脚架上，拧紧连接螺旋。

（二）对中

打开激光对中器（长按左右键或切换键），会在地面上投射出红色的激光点，调整脚架使激光点对准地面的标识点。

（三）整平

一只手握住三脚架两节的连接处，另一只手松开脚架的螺旋，通过伸缩脚架的方法（见图7），使圆水准器气泡居中，居中后旋紧三脚架固定螺旋。注意在伸缩脚架时，不要改变脚架尖与地面的位置，否则对中将被破坏。圆水准器气泡居中后，可以通过调整经纬仪上的脚螺旋来调整管水准器气泡使其居中。具体操作方法是旋转经纬仪照准部，让管水准器大体与任意两个脚螺旋平行，按照图 8 所示的方法旋转平行的两个脚螺旋，管水准器气泡居中后，旋转经纬仪照准部 90°，让管水准器大体上垂直于刚才平行的两个脚螺旋，然后旋转第三个脚螺旋，使管水准器气泡居中，注意气泡运动的方向与左手大拇指的方向一致。旋转照准部到任意角度，看管水准器气泡是否居中，如不居中按上述方法再进行调整。

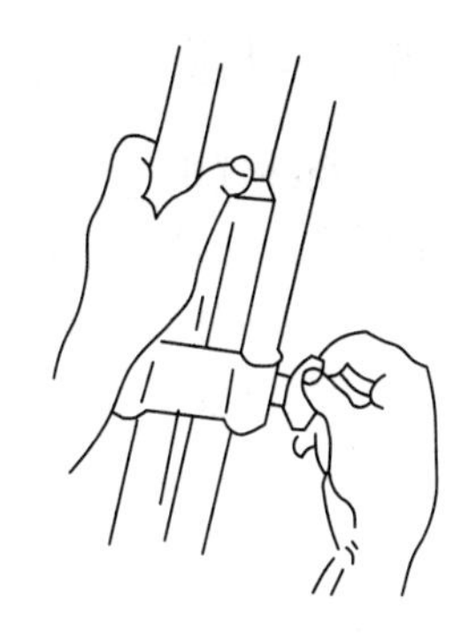

图 7　伸缩三脚架的操作手法

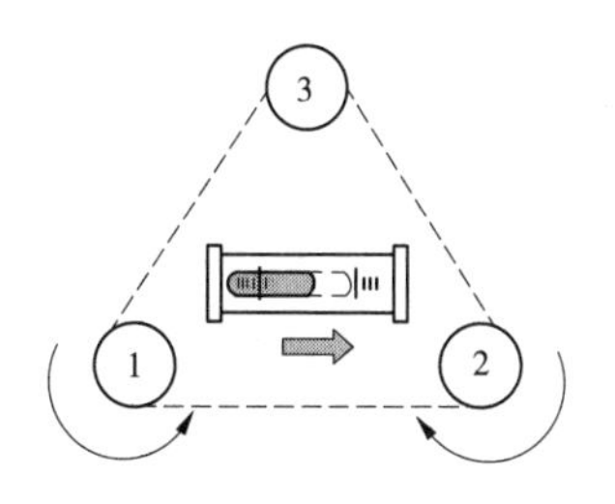

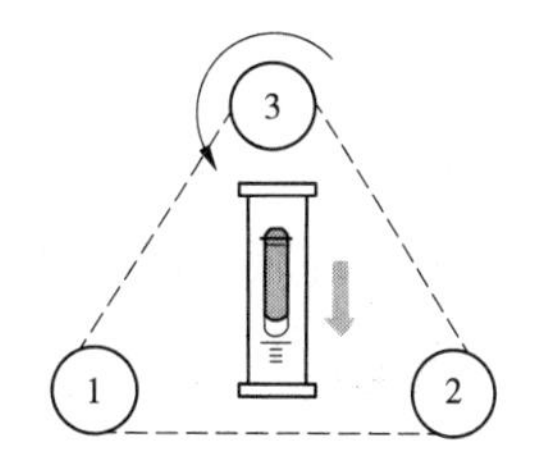

图 8　管水准器调平的方法

(四)精确对中

整平完成后检查对中是否还准确，由于调整脚螺旋的缘故，对中会发生偏离，因此松开脚架上的中心连接螺旋(松 1~2 圈即可，不要完全松开，以免经纬仪从脚架上掉落)，在脚架上轻轻移动经纬仪，确保精确对中，然后旋紧中心连接螺旋，再检查整平情况，要确保管水准器气泡，圆水准器气泡都处于居中状态，如管水准器气泡不居中，则通过调整脚螺旋的方法使管水准器气泡居中。

(五)认识经纬仪各部件

认识经纬仪各部件的名称及作用，练习瞄准和读数。

(六)读数并记录

用盘左状态瞄准目标 A，读出水平盘读数并记录在手簿中，顺时针旋转仪器；瞄准 B 目标，读数并记录，同时计算水平角(用 B 的读数减去 A 的读数，如果是负值，则水平角 $=B-A+360°$)。

四、注意事项

(1)将经纬仪从箱中取出并安置到三脚架上的过程中，必须一只手拿住经纬仪，另一只手拖住基座底部，并立即将中心螺旋旋紧；精确对中时，松开中央连接螺旋 1~2 圈即可，调整完成后立即旋紧，以防止仪器从三脚架上掉下摔坏。

(2)旋转望远镜或照准部之前，必须松开制动螺旋，用力要轻，观测完毕装箱前一定要关机，并检查制动螺旋是否松开。

五、练习题

(1)经纬仪由________、________、________组成。

(2)将经纬仪安置在三脚架的架头上,应随手拧紧________螺旋。

(3)经纬仪的使用包括________、________、________、________四步。

(4)简述经纬仪对中整平的操作步骤。

(5)经纬仪上的制动螺旋和微动螺旋有什么作用?

六、观测记录表格

水平角观测记录表见表5。

表5 水平角观测记录表

<table>
<tr><th>测站</th><th>盘位</th><th>目标</th><th>水平角读数
(° ′ ″)</th><th>水平角值
(° ′ ″)</th></tr>
<tr><td rowspan="4"></td><td rowspan="2"></td><td></td><td></td><td rowspan="2"></td></tr>
<tr><td></td><td></td></tr>
<tr><td rowspan="2"></td><td></td><td></td><td rowspan="2"></td></tr>
<tr><td></td><td></td></tr>
<tr><td rowspan="4"></td><td rowspan="2"></td><td></td><td></td><td rowspan="2"></td></tr>
<tr><td></td><td></td></tr>
<tr><td rowspan="2"></td><td></td><td></td><td rowspan="2"></td></tr>
<tr><td></td><td></td></tr>
</table>

实验四　测回法观测水平角

一、实验目的

熟练掌握电子经纬仪测回法观测水平角的观测顺序、记录和计算方法；掌握电子经纬仪水平度盘的配置方法，理解水平角的观测原理。

二、实验仪器

电子经纬仪 1 台、三脚架 1 个、记录板 1 个。

三、实验步骤

如图 9 所示，在地面上选择 A、M、N 三点，A 为测站点，M、N 距 A 点的距离大于 20 m，在 A 点安置经纬仪，对中、整平，在 M、N 点竖立标杆，测回法观测的具体操作步骤如下。

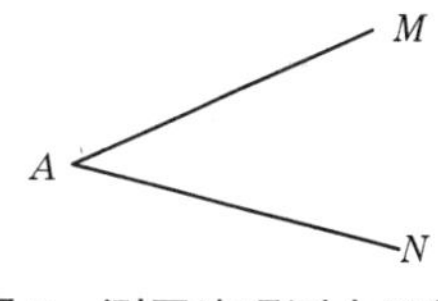

图 9　测回法观测水平角

（一）正镜（盘左）观测

盘左位置用粗瞄器瞄准 M 点，调整目镜调焦螺旋使十字丝分划板清晰，调整物镜调焦螺旋，使 M 点的标杆在望远镜里显示清晰，拧紧水平制动螺旋后旋转水平微动螺旋，使十字丝竖丝（单丝）均分标杆，读取水平度盘读数 $M_{左}$ 并记入观测手簿。顺时针转动照准部，瞄准目标 N，读取水平度盘读数 $N_{左}$ 并记入观测手簿，则上半测回水平角 $\beta_{左}=N_{左}-M_{左}$。

（二）倒镜（盘右）观测

盘右位置用粗瞄器瞄准 N 点，调整目镜调焦螺旋使十字丝分划板清晰，调整物镜调焦螺旋，使 N 点的标杆在望远镜里显示清晰，拧紧水平制动螺旋后旋转水平微动螺旋，使十字丝竖丝（单丝）均分标杆，读取水平度盘读数 $N_{右}$ 并记入观测手簿。逆时针转动照准部，瞄准目标 M，读取水平度盘读数 $M_{右}$ 并记入观测手簿，则下半测回水平角 $\beta_{右}=N_{右}-M_{右}$。

（三）计算水平角

如果 $\beta_{左}$ 与 $\beta_{右}$ 差值的绝对值不大于 40″，则取上、下半测回角的平均值作为一测回的水平角值，即 $\beta=(\beta_{左}+\beta_{右})/2$。如果上半测回与下半测回差值大于 40″，则重新观测。

若进行多个测回观测，则每次水平度盘起始读数应为 $180°/n$，重复（一）~（三）步操作。电子经纬仪置盘的操作：如瞄准 M 点要让起始读数在 90°附近，首先瞄准 M 点按置零键，使水平度盘读数为 0°，然后逆时针旋转照准部，让水平度盘读数为 90°左右，然后按置零键，顺时针旋转照准部，再次瞄准 M 点，则起始读数为 90°左右，注意水平置盘只需在每测回盘左开始测量时进行，盘右起始不要设置。

四、注意事项

在测回法观测水平角时,除经纬仪基本操作的注意事项外,还应注意以下几点:

(1)瞄准目标时,用十字丝竖丝瞄准目标,尽可能瞄准其底部,以减少目标倾斜引起的测角误差。

(2)观测过程中若发现管水准器气泡偏离超过 2 格,应重新整平,重测该测回。

(3)计算半测回角值时,当右方目标读数小于左方目标读数时,则右方目标读数先加 360°,然后再相减,切记不可倒过来相减。

(4)若计算结果超限,必须重测。

五、练习题

(1)测回法观测水平角的步骤是什么?

(2)用经纬仪观测水平角,为何要用盘左盘右取平均值?

(3)在水平角观测过程中,起始目标读数大于终点目标读数,该如何处理?

六、观测记录表格

水平角观测手簿见表 6。

表6　水平角观测手簿

<table>
<tr><th>测站</th><th>测回</th><th>盘位</th><th>测点</th><th>水平角读数
(°　′　″)</th><th>半测回角值
(°　′　″)</th><th>一测回平均值
(°　′　″)</th><th>各测回平均值
(°　′　″)</th></tr>
<tr><td rowspan="8"></td><td rowspan="4"></td><td rowspan="2">左</td><td></td><td></td><td rowspan="2"></td><td rowspan="4"></td><td rowspan="8"></td></tr>
<tr><td></td><td></td></tr>
<tr><td rowspan="2">右</td><td></td><td></td><td rowspan="2"></td></tr>
<tr><td></td><td></td></tr>
<tr><td rowspan="4"></td><td rowspan="2">左</td><td></td><td></td><td rowspan="2"></td><td rowspan="4"></td></tr>
<tr><td></td><td></td></tr>
<tr><td rowspan="2">右</td><td></td><td></td><td rowspan="2"></td></tr>
<tr><td></td><td></td></tr>
<tr><td rowspan="8"></td><td rowspan="4"></td><td rowspan="2">左</td><td></td><td></td><td rowspan="2"></td><td rowspan="4"></td><td rowspan="8"></td></tr>
<tr><td></td><td></td></tr>
<tr><td rowspan="2">右</td><td></td><td></td><td rowspan="2"></td></tr>
<tr><td></td><td></td></tr>
<tr><td rowspan="4"></td><td rowspan="2">左</td><td></td><td></td><td rowspan="2"></td><td rowspan="4"></td></tr>
<tr><td></td><td></td></tr>
<tr><td rowspan="2">右</td><td></td><td></td><td rowspan="2"></td></tr>
<tr><td></td><td></td></tr>
<tr><td rowspan="8"></td><td rowspan="4"></td><td rowspan="2">左</td><td></td><td></td><td rowspan="2"></td><td rowspan="4"></td><td rowspan="8"></td></tr>
<tr><td></td><td></td></tr>
<tr><td rowspan="2">右</td><td></td><td></td><td rowspan="2"></td></tr>
<tr><td></td><td></td></tr>
<tr><td rowspan="4"></td><td rowspan="2">左</td><td></td><td></td><td rowspan="2"></td><td rowspan="4"></td></tr>
<tr><td></td><td></td></tr>
<tr><td rowspan="2">右</td><td></td><td></td><td rowspan="2"></td></tr>
<tr><td></td><td></td></tr>
</table>

实验五　全圆测回法观测水平角

一、实验目的

(1)掌握全圆测回法观测水平角的操作顺序、记录及计算方法。

(2)理解归零、归零差、归零方向值、2倍视准差(2*C*)变化值的概念及各项限差的规定。

(3)进一步掌握经纬仪的使用。

二、实验仪器

电子经纬仪1台、三脚架1个、记录板1个。

三、实验步骤

每组用方向观测法完成4个观测方向的一测站两个测回观测任务,如图10所示,将经纬仪安置在*O*点,分别测量∠*AOB*、∠*BOC*、∠*COD*和∠*DOA*的度数。

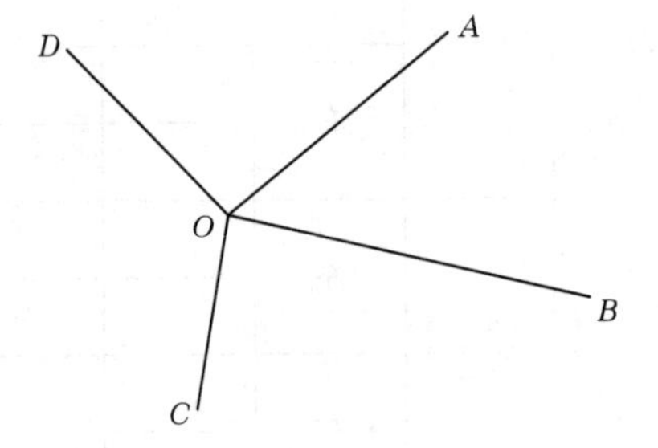

图10　全圆测回法观测水平角

(1)在*O*点安置经纬仪,对中整平。

(2)盘左。以*A*点为起始观测点,瞄准*A*点后,设置水平度盘读数在0°00′30″附近,顺时针观测*B*、*C*、*D*、*A*,分别记录各目标读数,检查归零差是否超限。

(3)盘右。以*A*点为起始观测点,瞄准*A*点后,记录水平度盘读数,然后逆时针观测*D*、*C*、*B*、*A*,分别记录各目标读数,检查归零差是否超限。

(4)计算2*C*值、各方向平均读数及归零后的方向值。

(5)同一测站、同一目标、各测回归零后的方向值之差应小于24″。

四、注意事项

(1)应选择距离适中、容易瞄准的清晰目标作为观测目标。

(2)限差规定。半测回归零差为±18″,同一方向各测回互差为±24″,超限时应该重新观测。

(3)观测的同时,必须认真记录实验数据,边记录边计算,随时检查是否超限。

五、练习题

(1)用全圆观测法进行水平角测量时,盘左观测顺序是________________时针观测,盘右观测顺序是________________时针观测。

(2)归零差是指________________,测回差是指________________。
(3)$2C$ 值是指________________。

六、方向观测法水平角测量手簿

方向观测法水平角测量手簿见表 7。

表 7　方向观测法水平角测量手簿

测站	测回数	目标	读数		$2C=$ 左−右 ±180°	平均读数 $=\frac{1}{2}$(左+右 ±180°)	归零后的方向值	各测回归零后方向值的平均值
			盘左	盘右				
			(° ′ ″)	(° ′ ″)	(′ ″)	(° ′ ″)	(° ′ ″)	(° ′ ″)
01	1							
		A						
		B						
		C						
		D						
		A						
02	2							
		A						
		B						
		C						
		D						
		A						
03	3							
		A						
		B						
		C						
		D						
		A						

实验六　竖直角测量

一、实验目的

(1)掌握竖直角测量的操作顺序、记录及计算方法。

(2)理解指标差的概念、限差的规定。

(3)了解竖直度盘的注记方法。

二、实验仪器

电子经纬仪1台、三脚架1个、记录板1个。

三、实验步骤

在测站点安置经纬仪,对中、整平。确定竖直度盘注记形式:盘左时望远镜水平状态时竖直角度数为90°左右,当望远镜物镜向上抬时,竖直度盘读数减小,盘右时望远镜水平状态时竖直角度数为270°左右,当望远镜物镜向上抬时,竖直度盘读数增大,说明竖直度盘注记形式为顺时针,确定竖直角的计算公式:[盘左时计算公式:$\alpha_{左}=90°-L$,盘右时计算公式:$\alpha_{右}=R-270°$,一测回角值$\alpha=(\alpha_{左}+\alpha_{右})/2$,竖盘指标差为$x=(L+R-360°)/2$]。

(1)盘左。瞄准目标后用横丝切准目标,在管水准器气泡和圆水准器气泡都居中的前提下,读取竖直度盘读数L。

(2)盘右。瞄准目标后用横丝切准目标,在管水准器气泡和圆水准器气泡都居中的前提下,读取竖直度盘读数R。

(3)填表计算,记录观测数据并按照上述公式分别计算竖直角和指标差,若竖直角大于0°则为仰角,若小于0°则为俯角。

四、注意事项

(1)瞄准时,以十字丝横丝切目标,盘左、盘右要瞄准同一目标。

(2)每次读数前要检查气泡是否居中,如果不居中,则本测回重新测量。

(3)计算竖直角及指标差时,应注意正负号。

(4)指标差的限差在±25″内,若超限必须重新测量。

五、练习题

(1)指标差的计算公式是什么?

(2)竖直角观测采用盘左、盘右取平均数的方法可以消除哪些因素的影响?

(3)在什么情况下经纬仪望远镜视准轴是水平的?

六、竖直角记录手簿

竖直角观测手簿见表8。

表 8　竖直角观测手簿

测站	目标	竖盘位置	竖盘读数 (°　′　″)	半测回竖直角 (°　′　″)	指标差 (″)	一测回角值 (°　′　″)
		盘左				
		盘右				
		盘左				
		盘右				
		盘左				
		盘右				
		盘左				
		盘右				
		盘左				
		盘右				
		盘左				
		盘右				
		盘左				
		盘右				
		盘左				
		盘右				
		盘左				
		盘右				
		盘左				
		盘右				
		盘左				
		盘右				
		盘左				
		盘右				

实验七　钢尺量距

一、实验目的

(1)掌握直线定线的常用方法:目估法和经纬仪法。

(2)掌握钢尺量距的一般操作方法。

二、实验仪器

钢尺1把,测钎若干,标杆2~3根,电子经纬仪1台,三脚架1个,记录板1个。

三、实验步骤

(1)在线段两个端点A、B分别打下木桩,在桩顶钉上小钉或画上"十"字作为起点和终点的标志。

(2)定线。用经纬仪法定线,将经纬仪安置在A点,对中整平后,瞄准B点,水平制动锁定,观测员指挥另一名人员将望远镜竖丝在地面上的位置标定出来,并钉上测钎,以此作为分段测量的依据。如没有经纬仪,可以采用目估法进行定线。

(3)往测。后尺员持钢尺零点对准A点,前尺员拿尺的另一端,二人将钢尺拉平拉直,用力要均匀,测量出一个整尺段,前尺员用测钎在地面上做好标记,完成第一段测量;两尺员同时前进,后尺员行至第一个测钎处,将钢尺零点对准第一个测钎的读数标志,二人将钢尺拉平拉直,用力要均匀,测量出一个整尺段,前尺员用测钎在地面上做好标记,完成第二段测量,用同样的方法测量其他几段,并记录整尺段数量。到最后一个零尺段时,前尺员将一整刻划对准B点,后尺员在上一段测量的标记处读数,两数相减即为余长。整尺长数量乘以尺长加余长即为AB的距离。

(4)返测。由B点出发向A点进行测量,测量方法同往测,测量完成后计算相对较差,如果相对较差在规定的限度内,则成果合格,取两次测量的平均数作为最终的长度;如果超限,则重新测量。

四、注意事项

(1)丈量距离必须采用往、返测量的方法进行观测。

(2)测钎应插直,如果地面坚硬,可以在地面上画记号。

(3)在测量时钢尺要拉平、拉直,用力要均匀。

(4)直线定线要准确,否则对距离测量影响较大。

五、练习题

(1)测距时为什么要进行直线定线？直线定线有哪些方法？

(2)用钢尺量距时，哪些因素会产生误差？

(3)测量中的水平距离是指什么？

实验八　视距测量

一、实验目的

(1)掌握视距测量的观测方法。
(2)掌握视距测量需要观测的数据。
(3)掌握水准仪、经纬仪视距测量的计算方法。

二、实验仪器

经纬仪 1 台(或水准仪 1 台),三脚架 1 个,水准尺 1 个,计算器 1 个。

三、实验步骤

(1)在目标点 A 安置仪器,对中整平,量取仪器高 i,并假设 A 点高程为 128.345 m。

(2)用水准仪进行视距测量,需要观测上丝、下丝读数,利用公式 $D=100L$ 计算视距,式中,$L=$上丝读数-下丝读数,读数时估读至毫米。

(3)用经纬仪进行视距测量,读取上丝、下丝读数及竖直度盘读数,利用公式 $D=100L\cos^2\alpha$ 计算视距,式中,$L=$上丝读数-下丝读数,读数时估读至毫米;α 为竖直角角度。

(4)若要计算高程,则需要测量出仪器高,读出中丝读数。

四、注意事项

(1)水准尺要严格竖直,并保持稳定。
(2)读取竖盘读数时必须保证管水准器气泡居中。
(3)在测量前,要对竖盘指标差进行校验,使其小于 60″。

五、练习题

(1)视线水平时,视距测量的计算公式是:________________________________。
(2)视线倾斜时,视距测量的计算公式是:________________________________。
(3)视距测量过程中需要读取的数据有________、________、________、________。

六、记录表格

视距测量记录表见表 9。

表 9　视距测量记录表

点号	视距读数(m)		视距(m)	中丝读数(m)	竖盘读数(° ′ ″)	平距(m)	高差(m)	高程(m)
	上丝	下丝						

实验九　四等水准测量

一、实验目的

(1)熟悉四等水准测量的主要技术指标,掌握测站及水准路线检核的方法。
(2)掌握四等水准测量的基本操作步骤,学会观测、记录、计算的方法。

二、实验仪器

DS_3 型水准仪 1 台,三脚架 1 个,双面水准尺 1 对,尺垫 2 个,记录板 1 个。

三、实验步骤

(1)路线选择。从某一水准点出发,选定一条闭合水准路线,或从一水准点出发至另一水准点,选定一条附合水准路线,路线长度在 200 m 左右,设置 4~6 个测站。

(2)观测与记录。将水准仪安置在前、后视距大致相等的位置,由立尺员步测完成,每一测站按"后前前后"(黑黑红红)顺序观测,并将数据记录在表 11 中,具体观测与记录顺序如下:

水准仪调平后,照准后尺黑面,读取上丝读数、下丝读数和中丝读数,分别记录在表 11①、②、③格位置。

水准仪照准前尺黑面,读取上丝读数、下丝读数和中丝读数,分别记录在表 11④、⑤、⑥格位置。

前尺由黑面转为红面,用水准仪照准后读取中丝读数,记录在表 11⑦格位置。

转动水准仪照准部,瞄准后尺,后尺变为红面,用水准仪照准后读取中丝读数,记录在表 11⑧格位置。

(3)计算与检核,当一个测站观测完成并记录后应立即进行计算,不得搬站,以防止超限,如果超限应立即重新观测本站,特别是尺垫的位置不能动。

视距计算与检核:

后视距⑨=(①-②)×100

前视距⑩=(④-⑤)×100

前后视距差⑪=⑨-⑩

前后视距累计差⑫=本站⑪+上一站⑫

黑红面读数差计算与校核:

后视尺黑红面读数差⑬=K_1+③-⑧

前视尺黑红面读数差⑭=K_2+⑥-⑦

黑红面高差计算与校核:

黑面高差⑮=③-⑥

红面高差⑯=⑧-⑦

黑红面高差之差⑰=⑮-⑯=⑭-⑬

平均高差计算：

平均高差⑱=(⑮+⑯±0.1)/2

(4)迁站继续测量。一个测站测量计算完毕后进行迁站，迁站时前视尺位置(尺垫位置)不动，后视尺前进，观测员搬仪器到下一站，重复第(2)步和第(3)步，继续进行测量。

(5)计算总校核。全部路线测量完成后，在每一测站校核的基础上，进行整体校核。

四、技术要求及注意事项

(一)技术要求

四等水准测量主要技术指标见表10。

表10　四等水准测量主要技术指标

等级	视线高度	视距长度	前后视距差	前后视距累计差	黑红面读数差	黑红面高差之差	线路闭合差
四	>0.3 m	≤100 m	≤5 m	≤10 m	≤3 mm	≤5 mm	$\pm 20\sqrt{L}$ mm，$\pm 6\sqrt{n}$ mm

(二)注意事项

(1)前后视距大致相等且在规定的限差内。

(2)每一站观测完成后，立即进行计算并检核，如有超限，则应该重测该站。

(3)水准尺应立直立稳，最好使用带有圆水准器的水准尺进行观测。

(4)整条路线观测、计算完成后，各项检核必须符合要求，高差闭合差在允许值范围内才可收工。

(5)记录人员要认真填写表11中各项内容，特别是测站编号和点号，要书写清晰，记录准确，各项计算要准确无误。

五、练习题

(1)简要说明四等水准测量一测站的观测程序。

(2)四等水准测量为何要限制前后视距差?

(3)四等水准测量在一测站有哪些限差?

六、四等水准测量记录表

四等水准测量记录表见表11。

表 11　四等水准测量记录表

测站编号	后尺 下丝 上丝 后视距 视距差 d	前尺 下丝 上丝 前视距 $\sum d$	方向及尺号	标尺读数 黑	标尺读数 红	K+黑减红	高差中数	备注
	①	④	后	③	⑧	⑬		
	②	⑤	前	⑥	⑦	⑭		
	⑨	⑩	后-前	⑮	⑯	⑰	⑱	
	⑪	⑫						
			后					
			前					
			后-前					
			后					
			前					
			后-前					
			后					
			前					
			后-前					
			后					
			前					
			后-前					
			后					
			前					
			后-前					
			后					
			前					
			后-前					

续表 11

<table>
<tr><td rowspan="4">测站编号</td><td rowspan="2">后尺</td><td>下丝</td><td rowspan="2">前尺</td><td>下丝</td><td rowspan="4">方向及尺号</td><td colspan="2" rowspan="2">标尺读数</td><td rowspan="4">K+黑减红</td><td rowspan="4">高差中数</td><td rowspan="4">备注</td></tr>
<tr><td>上丝</td><td>上丝</td></tr>
<tr><td colspan="2">后距</td><td colspan="2">前距</td><td rowspan="2">黑</td><td rowspan="2">红</td></tr>
<tr><td colspan="2">视距差 d</td><td colspan="2">$\sum d$</td></tr>
<tr><td rowspan="4"></td><td colspan="2"></td><td colspan="2"></td><td>后</td><td></td><td></td><td></td><td></td><td rowspan="8"></td></tr>
<tr><td colspan="2"></td><td colspan="2"></td><td>前</td><td></td><td></td><td></td><td></td></tr>
<tr><td colspan="2"></td><td colspan="2"></td><td>后-前</td><td></td><td></td><td></td><td></td></tr>
<tr><td colspan="2"></td><td colspan="2"></td><td colspan="5"></td></tr>
<tr><td rowspan="4"></td><td colspan="2"></td><td colspan="2"></td><td>后</td><td></td><td></td><td></td><td></td></tr>
<tr><td colspan="2"></td><td colspan="2"></td><td>前</td><td></td><td></td><td></td><td></td></tr>
<tr><td colspan="2"></td><td colspan="2"></td><td>后-前</td><td></td><td></td><td></td><td></td></tr>
<tr><td colspan="2"></td><td colspan="2"></td><td colspan="5"></td></tr>
<tr><td>每页检核</td><td colspan="5">Σ⑨=________
-) Σ⑩=________
=________
L= Σ⑨+Σ⑩=________
$f_{h容}$=________
f_h=________
精度检核结论：</td><td colspan="5">Σ③=________　Σ⑧=________
Σ⑥=________
Σ⑦=________　Σ⑮=________
Σ⑯=________　Σ⑱=________
Σ[③+⑧]=________
-) Σ[⑥+⑦]=________
=________
计算检核结论：</td></tr>
</table>

实验十　电子水准仪的认识

电子水准仪又叫数字水准仪，由水准器、望远镜、基座及数据处理系统组成，电子水准仪是以自动安平水准仪为基础，在望远镜光路中增加了分光镜和探测器（CCD），并采用条纹编码标尺和图像的处理电子系统而构成的光机电一体化的高科技产品。目前，电子水准仪的常用品牌有徕卡、南方、苏一光、天宝等。电子水准仪与传统光学自动安平水准仪相比，具有如下优点：

（1）读数客观。水准仪自动读取条形码，不存在误差、误记问题，避免了人为读数误差。

（2）精度高。视线高和视距读数都是采用大量条码分划图像经处理后取平均得出来的，因此削弱了标尺分划误差的影响，而且仪器都有进行多次读数取平均的功能，可以削弱外界条件影响。

（3）速度快。电子水准仪有相应的程序，省去了报数、听记、现场计算的时间以及人为出错的重测数量，测量时间与传统仪器相比可以节省 1/3 左右。

（4）效率高。只需调焦和按键就可以自动读数，减轻了劳动强度，仪器能自动记录、检核、处理并能输入电子计算机进行后处理，可实现内、外业一体化。

一、实验目的

（1）了解电子水准仪的基本结构和主要功能。

（2）了解条形码水准尺的刻划，对比其与常规水准尺的区别。

（3）掌握电子水准仪的安置、照准、读数及高差的测量方法。

二、实验仪器

电子水准仪 1 台（见图 11），三脚架 1 个，电子水准尺 1 对，尺垫 2 个，记录板 1 个，撑杆 1 对。

图 11　电子水准仪与水准尺

三、实验步骤

(1)水准仪安置。同普通水准仪一样安置,用三脚架上的中央连接螺旋将水准仪固定在脚架上,然后通过伸缩脚架或者旋转脚螺旋使圆水准器气泡居中,就完成了整平。

(2)按电源键开机,仪器经过自检后进入测量界面,在水准测量中可以利用水准仪自带的程序进行测量,也可以不用。

(3)立尺。由于电子水准仪所使用的是条形码尺,立尺时需使用撑杆,通过调整撑杆的角度,使水准尺上的圆水准器气泡居中,固定水准尺不动,等待观测即可。

(4)转动水准仪,用粗瞄器瞄准水准尺,调整物镜调焦螺旋,使尺子的像清晰,然后按测量键,水准仪显示屏上就会出现视距及高程信息,按照水准仪提示,进行后续测量。

四、注意事项

(1)应该在具有足够亮度的地方进行观测,确保电子水准仪能够正确读数。

(2)电子水准仪与水准尺需配套使用,不同品牌的水准仪与水准尺不能混用。

(3)在测量过程中要严格按照水准仪的提示进行操作。

(4)电子水准仪和因瓦水准尺都属于精密设备,使用过程中要轻拿轻放,注意保护。

实验十一　二等水准测量

一、实验目的

(1)掌握二等水准测量的外业测站操作、记录和计算方法。

(2)掌握二等水准测量的限差技术要求。

(3)进一步熟练数字水准仪的使用。

二、实验仪器

电子水准仪 1 台,三脚架 1 个,电子水准尺 1 对,尺垫 2 个,撑杆 1 对。

三、实验步骤

(1)人员组成。二等水准测量需要 4 人一组,观测员 1 人、记录员 1 人、立尺员 2 人。

(2)测量开始前,观测员将仪器安置到三脚架上,用中央连接螺旋固定,后尺员将水准尺直接立在水准点上,前尺员拿着水准尺和尺垫,与观测员拿着水准仪一起向前走,前尺员记录所走的步数,观测员走到一定的位置后,将仪器放到地上整平,前尺员继续向前方走相同的步数(与后尺到仪器之间步数相同),将尺垫放到地上,尺子放在尺垫上,利用撑杆立尺。

(3)观测程序。

奇数站观测顺序为:后前前后。

偶数站观测顺序为:前后后前。

在一个测站上的观测步骤(以奇数站为例)如下:

(1)立尺员就位后,观测员整平仪器。

(2)照准后视水准尺,调整物镜调焦螺旋,使尺子的像清晰,按测量键进行测量,观测员大声读出高程和视距,记录员边记录边重复读出高程和视距,高程精确至 0.01 mm,视距精确至 0.1 m。

(3)照准前视水准尺,调整物镜调焦螺旋,使尺子的像清晰,按测量键进行测量,观测员大声读出高程和视距,记录员边记录边重复读出高程和视距,高程精确至 0.01 mm,视距精确至 0.1 m。

(4)再观测一遍前视尺,只记录高程。

(5)将望远镜装到后视尺上,读取中丝读数,记录高程。

(6)测站计算,如果所有限差都合格可以迁站进行下一站测量。

四、注意事项

(1)各项限差要严格满足表 12 的要求。

表 12　二等水准测量主要技术要求(2 m 水准尺)

视线长度	每站前后视距差	前后视距累积差	视线高度	两次读数之差	水准仪重复观测次数	测段、环线闭合差
≥3 m 且≤50 m	≤1.5 m	≤6.0 m	≤1.85 且≥0.3 m	≤0.6 mm	≥2	$\leq \pm 4\sqrt{L}$ mm

注:L 为水准路线长度,以 km 为单位。

(2)记录员必须牢记观测程序与记录顺序,防止记录错误。各项记录要准确、整齐、清晰,严禁涂改和擦除。如有记错、读错,须重新测量,不允许描字改字,更不准连环涂改。

(3)每一测站上的记录、计算必须待检测全部合格后方可迁站。

(4)高程读数至小数点后面 5 位,即精确到 0.01 mm。

(5)立尺员在观测前需将水准尺扶直、扶稳,严禁双手离开水准尺,防止摔坏水准尺。

(6)记录时要注意高差的正负号,负号不能省略,以防汇总计算时产生错误。

五、二等水准记录手簿

二等水准记录手簿见表 13。

表 13　二等水准记录手簿

测站编号	后距	前距	方向及尺号	标尺读数		两次读数之差
	视距差	累积视距差		第一次读数	第二次读数	
1	31.5	31.6	后	15396	15395	1
			前	13926	13926	0
	-0.1	-0.1	后-前	+1470	+1469	1
			高差	+1470		
			后			
			前			
			后-前			
			高差			
			后			
			前			
			后-前			
			高差			

续表 13

测站编号	后距	前距	方向及尺号	标尺读数		两次读数之差
	视距差	累积视距差		第一次读数	第二次读数	
			后			
			前			
			后-前			
			高差			
			后			
			前			
			后-前			
			高差			

实验十二　全站仪的认识及使用

一、全站仪简介

全站仪,即全站型电子测距仪(electronic total station),是一种集光、机、电为一体的高技术测量仪器,是集水平角、竖直角、距离(斜距、平距)、高差测量功能于一体的测绘仪器系统。与光学经纬仪比较,全站型电子经纬仪将光学度盘换为光电扫描度盘,以自动记录和显示读数取代人工光学测微读数,使测角操作简单化,且可避免读数误差的产生。因一次安置仪器就可完成该测站上全部测量工作,所以称为全站仪。全站仪被广泛用于地上大型建筑和地下隧道施工等精密工程测量或变形监测领域。根据测角精度可分为0.1″,0.2″,0.5″,1″,2″,5″等几个等级。全站仪具体部件名称如图12所示。在距离、角度测量时需要配合棱镜和对中杆使用。

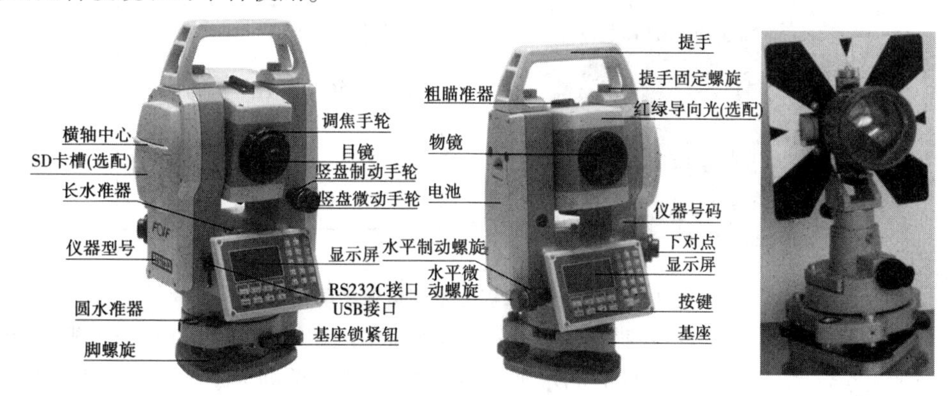

图12　苏一光RTS110全站仪与棱镜

二、实验目的

(1)了解全站仪的构造和基本部件,并掌握每个部件的基本功能。

(2)掌握全站仪的安置方法,学会利用全站仪进行测角、测距。

(3)学会棱镜的安置和使用方法,掌握仪器高的测量方法。

三、实验仪器

全站仪1台、棱镜1个、三脚架2个、基座1个,钢尺2把,记录板1块。

四、实验步骤

(一)安置仪器

用三脚架上的中央连接螺旋把全站仪固定在脚架上,按全站仪的电源键开机,经过自检后进入测角页面，然后按键盘上的“星号”功能键，调出功能菜单，再按 F3 键，打开激光对点，通过调整脚架的位置或松开中央连接螺旋，在架头上移动全站仪的方式，使光斑与地面标志点重合，完成对中，如通过松开中央连接螺旋对中，必须将中央连接螺旋拧紧，以防止仪器从脚架上跌落。对中完成后整平，通过伸缩脚架的方法使全站仪圆水准器气泡居中，然后通过调整三个脚螺旋使管水准器气泡居中。再检查对中，如有偏离，还是松开中央连接螺旋 1~2 扣左右，在架头上移动全站仪使其对中，调整完成后一定要将中央螺旋拧紧。再次检查水准器气泡是否居中，通过调整脚螺旋的方法使照准部在任何角度时管水准器气泡都居中，调整目镜调焦螺旋，使十字丝分划板清楚，再调整目镜调焦螺旋使物像清楚，便可以开始测量了。

（二）测角

苏一光 RTS110 全站仪开机后自动进入测角模式，如果没有进入测角模式，可以按功能键 F2 下面的 ANG 键，进入测角模式，进入测角模式后，仪器屏幕显示状态见图 13（b）所示，其中 VZ 为竖直角，HR 为水平角（水平右旋增大），与 HR 相对应还有一个 HL，即水平左旋增大，二者是可以相互转换的，在观测水平角时一般只用 HR 数值的变化，观测竖直角时观测 VZ 数值的变化。

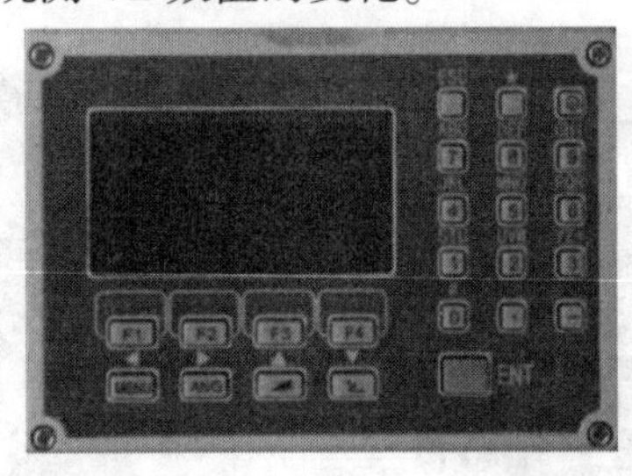

(a)

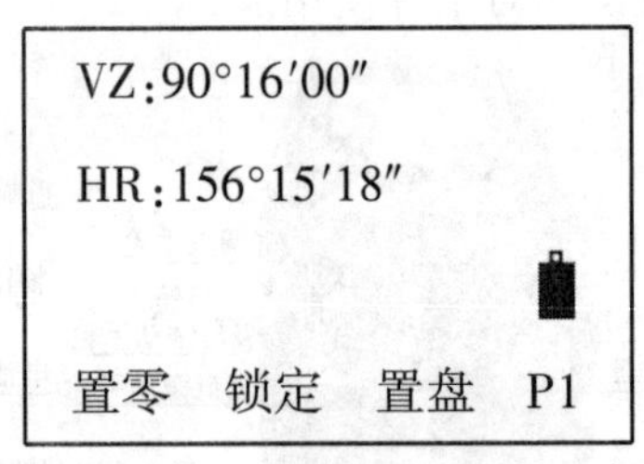

(b)

图 13　全站仪操作界面及测角模式屏幕显示

角度观测的具体过程：盘左瞄准 A 点，按置零键，此时水平盘读数为 0°00′00″，顺时针转动望远镜瞄准第二个目标 B，记录此时的水平度盘读数，二者之差即为上半测回角值，将全站仪转至盘右位置，先瞄准目标 B，记录水平度盘读数，然后瞄准目标 A，再次记录水平度盘读数，两者之差为下半测回读数，上半测回读数与下半测回读数的平均数为这个水平角的具体数值。

（三）测距

全站仪在开机状态下，按 F3 键下面的三角形符号的按钮，即进入距离测量模式，距离测量模式的屏幕显示方式如图 14 所示，如果再按一下该键，则变成图 15 所示显示方式。SD、HD、VD 分别表示斜距、平距和高差，具体含义如图 16 所示。

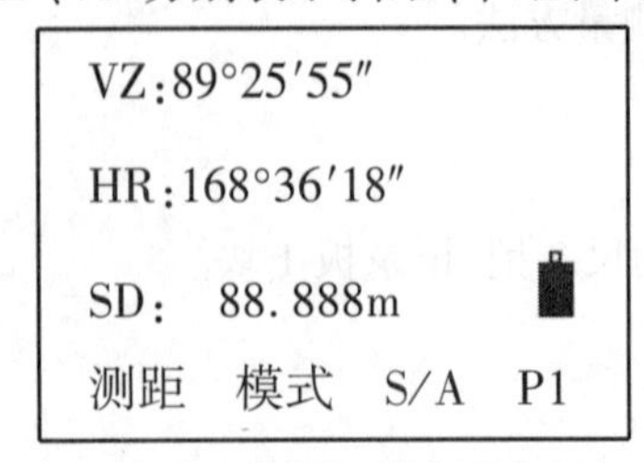

图 14　全站仪测距模式屏幕显示

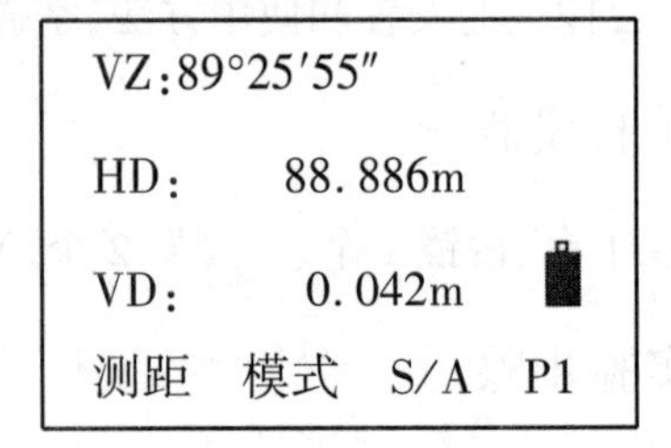

图 15　全站仪测距 HD、VD 显示结果

进入测距模式，瞄准目标后按 F1 键，进行距离测量，会出现三个数据，分别为 HD、VD、SD，可以通过按 F3 键下面的三角形符号的按钮来切换。全站仪测距的反光体有三种，分别为棱镜、反射片和物体直接反射，变换反射体类型的方法是开机后按键盘上的"＊"键，进入模式设置界面，如图 17 所示第一行中间的为反射体类型，该图为实际物体（免棱镜模式），按键盘上的 ANG 键，调整反射体类型，图 18 为棱镜模式，图 19 为反射片模式，设置完成后按键盘上的 Esc 键返回测量界面。

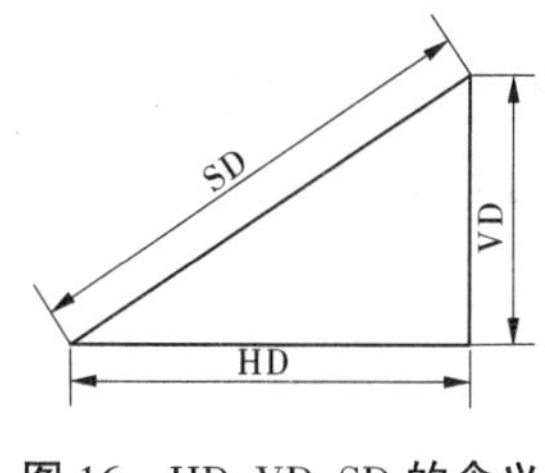

图 16　HD、VD、SD 的含义

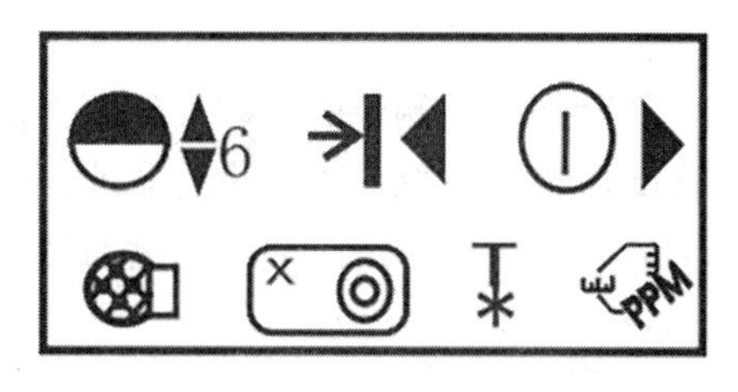

图 17　全站仪测距反射体类型——免棱镜模式

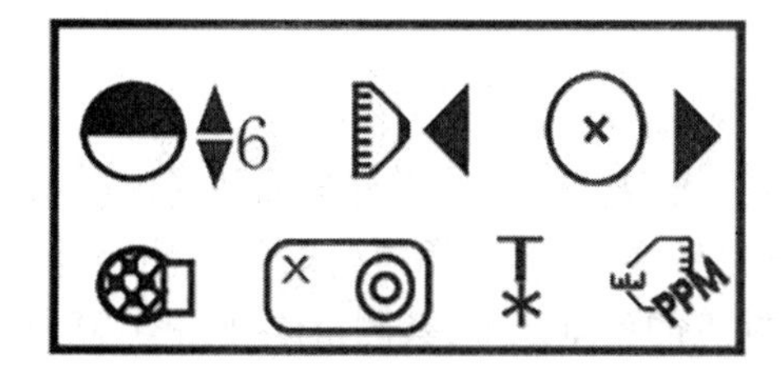

图 18　全站仪测距反射体类型——棱镜模式

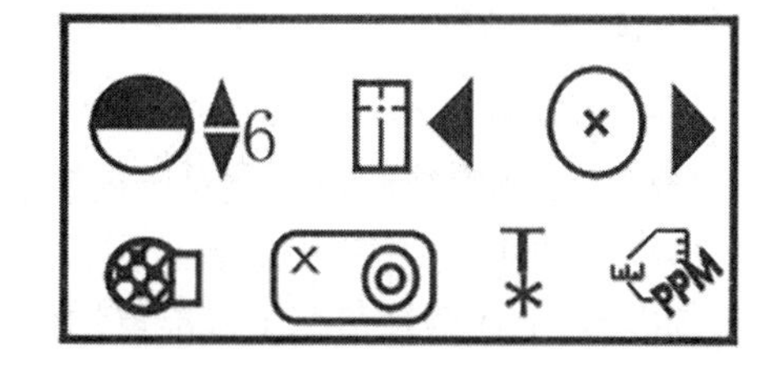

图 19　全站仪测距反射体类型——反射片模式

五、注意事项

（1）由于仪器比较精密、贵重，一定要爱护仪器、轻拿轻放。

（2）在仪器设置时不要随意改动仪器的设置。

（3）在水平制动锁死的前提下，千万不要用力旋转照准部而导致仪器损坏；一定要在水平制动松开的前提下旋转照准部。

（4）测量完毕装箱前，一定要检查仪器是否关机、所有制动螺旋是否松开，以防止损坏仪器或者下次上课时仪器没有电。

（5）按键时用力要轻，以免使方向读数产生偏移。

（6）测角时，只需要瞄准观测目标，水平度盘就会出现读数，但在测距时，瞄准观测目标后需要按 F1 键，才能进行测量。

实验十三　全站仪悬高、对边及面积测量

一、实验目的

(1)掌握悬高测量的原理及利用全站仪进行悬高测量的操作方法。

(2)掌握全站仪对边测量的原理,学会利用全站仪进行对边测量。

(3)掌握全站仪进行面积测量的原理及操作方法。

二、实验仪器

全站仪1台、棱镜1个、三脚架1个、对中杆1个,记录板1块。

三、测量原理

(一)悬高测量

悬高用于测定待测目标相对于棱镜的垂直距离(高度)及其离开地面的高度(无需棱镜的高度);使用棱镜高时,遥测悬高以棱镜作为基准点,不使用棱镜时则以测定地面点作为基准点,上述两种情况下基准点均位于目标点的铅垂线上,其测量原理如图20所示。

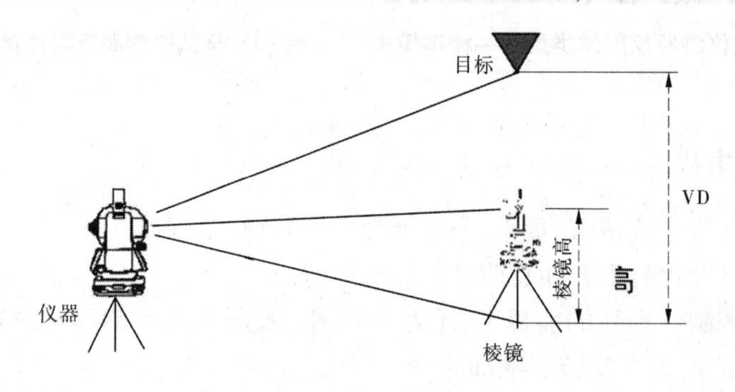

图20　悬高测量原理

(二)对边测量

对边测量可以获取两个棱镜之间的水平距离(dHD)、斜距(dSD)和高差(dVD),对边测量模式具有两种。

(1)放射对边:测量 *AB*、*AC*。

(2)相邻对边:测量 *AB*、*BC*,对边测量的原理如图21所示。

(三)面积测量

该功能可测量闭合图形的面积,如果图形边界线相互交叉,则面积不能正确计算。故在测量过程中,必须要按照顺序来测量所用到的边、角、点,如图22(a)所示,按照 *A*—*B*—*C*—*D* 的顺序测量,即可获得多边形 *ABCD* 的准确面积,但如果按图22(b)*A*—*B*—*C*—*D*

的顺序观测，则获取的面积与实际面积不符。

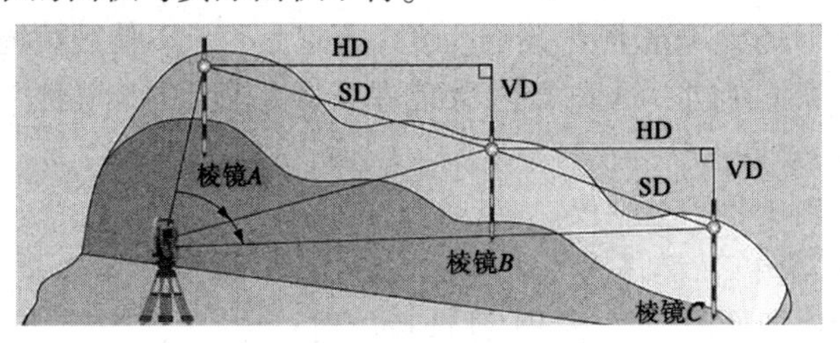

图21　对边测量的原理

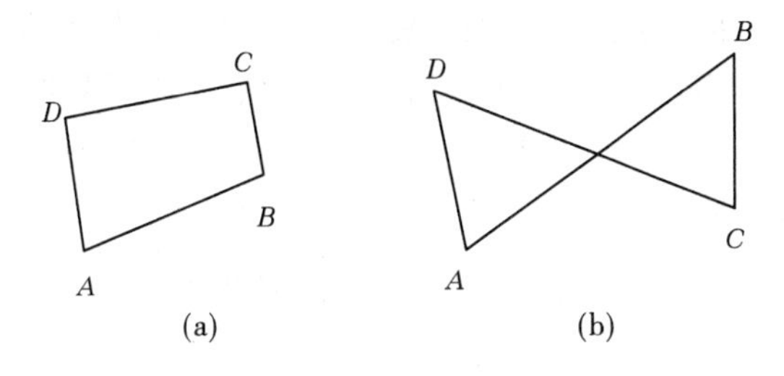

图22　面积测量观测顺序

四、操作步骤

(一)悬高测量

(1)安置仪器，对中整平全站仪。

(2)按MENU(菜单)键进入仪器菜单，按【F4】键翻至第2页，按【F1】(程序)键，进入遥测悬高界面，如图23所示。遥测悬高有两种方法：一种是利用棱镜进行测量，另一种是免棱镜测量。如果被测物体能够安置棱镜，将对中杆调整好高度后靠在被测物体上，观测员按F1键后，根据全站仪提示输入棱镜高度，然后照准棱镜后按F1键进行距离测量，则仪器开始显示仪器至棱镜之间的水平距离(见图24)，测量完毕后棱镜位置被确定，然后向上转动望远镜，瞄准被测目标，则仪器显示屏上会出现被测物体的高度(见图25)。

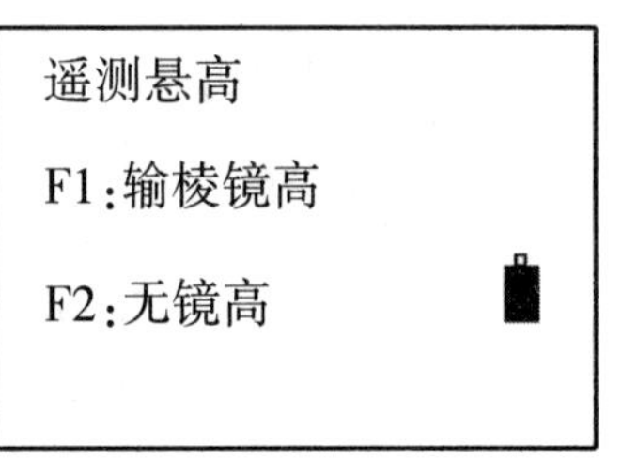

图23　遥测悬高

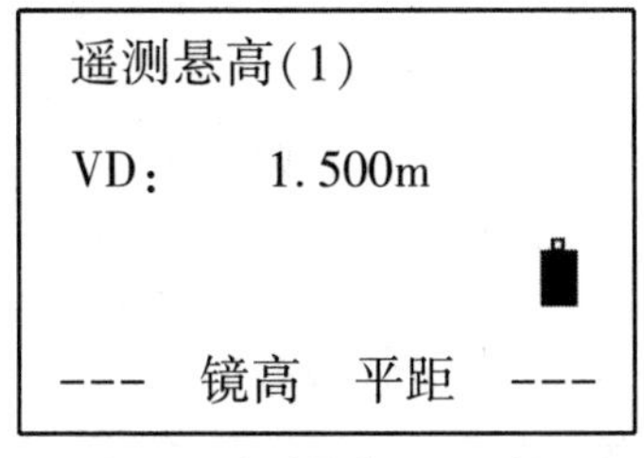

图24　遥测悬高——测距

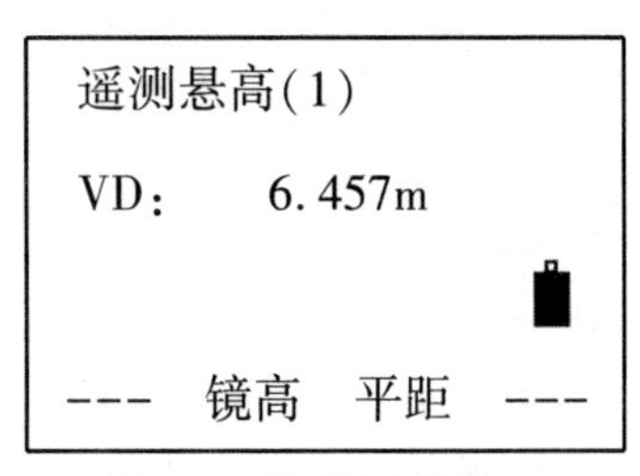

图25　遥测悬高结果

如果无法使用棱镜，则需将全站仪调整为免棱镜模式，照准被测物体的底部进行测距,由于没有棱镜则图 24 中的 VD 值则显示为 0. 000 m,然后向上转动望远镜,瞄准被测目标,则仪器显示屏上会出现被测物体的高度。不论是否可以使用棱镜,全站仪第一次测量点应该与被测点高程在同一铅垂线上,才能保证悬高测量的准确性。

(二)对边测量

(1)安置仪器,对中整平全站仪。

(2)按 MENU(菜单)键进入仪器菜单,按[F4]键翻至第 2 页,按[F2](程序)键,进入对边测量界面(见图 26),按 F1 键选择放射对边,仪器提示是否选择网格文件或网格因子,选择"否"继续即可,用望远镜瞄准第一个目标点,然后按 F1 键测距键,测量仪器与目标点间的距离,测距完成后图 27 的"HD:"后会出现具体的数值,并跳转到第二步,此时需要旋转望远镜瞄准第二个目标再进行测距,测量完成后如图 28 所示,仪器自动显示棱镜 *A* 与 *B* 之间的平距(dHD)和高差(dVD),见图 29,可以通过按距离测量键切换显示内容,到此完成对边测量。

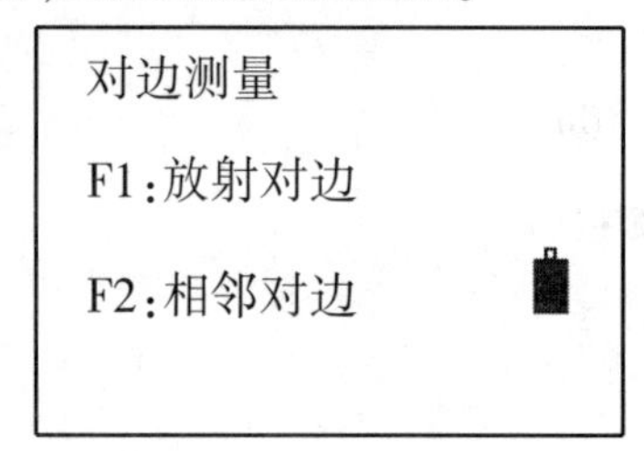

图 26 对边测量菜单

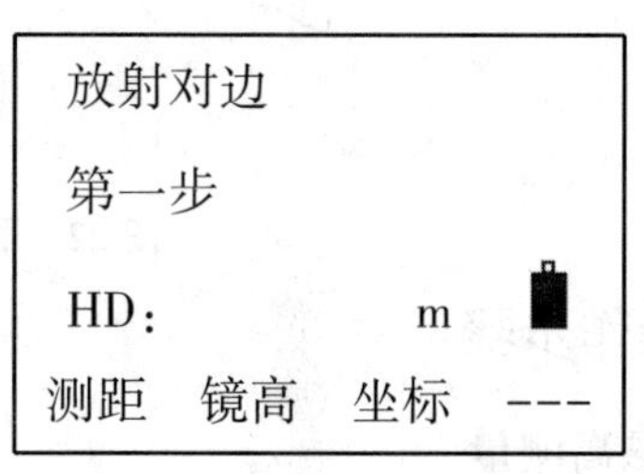

图 27 对边测量第一步

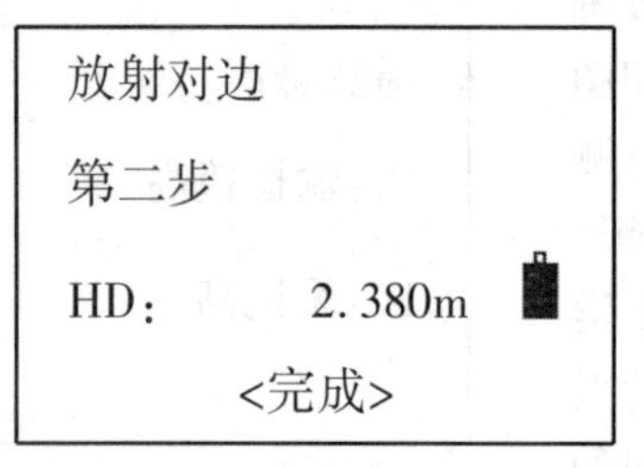

图 28 对边测量第二步

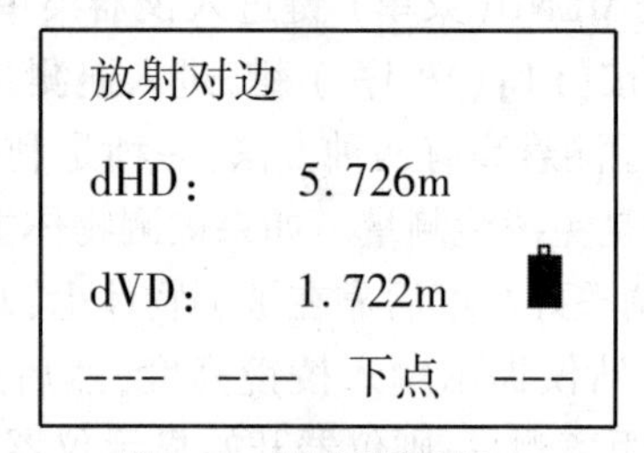

图 29 对边测量结果

(三)面积测量

(1)安置仪器,对中、整平全站仪。

(2)按 MENU 键进入菜单页面,按 F4 键翻到第 2 页(见图 30),按 F1 键进入面积测量界面,观测员指挥跑杆员到指定点立对中杆,确保对中杆竖直,观测者瞄准对中杆上的棱镜,按测距键(F1)进行测量(见图 31),完成第一个点的测量后,跑杆员到下一个点继续测量,直到测量出 3 个以上点时,便出现了由这 3 个点构成的三角形的面积(见图 32),如果点的数量在 4 个以上,要注意观察顺序,不要有交叉线,以免测量出来的面积不准。

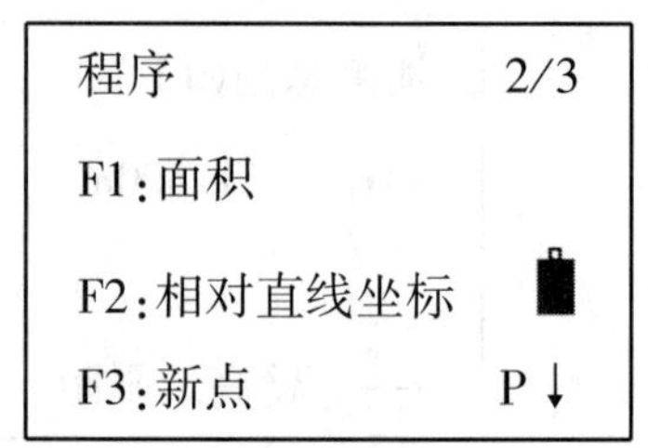

图 30 程序菜单第 2 页

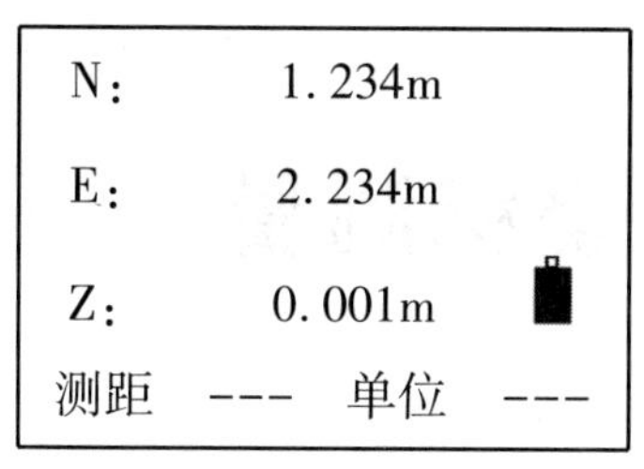

图 31　面积测量——测距

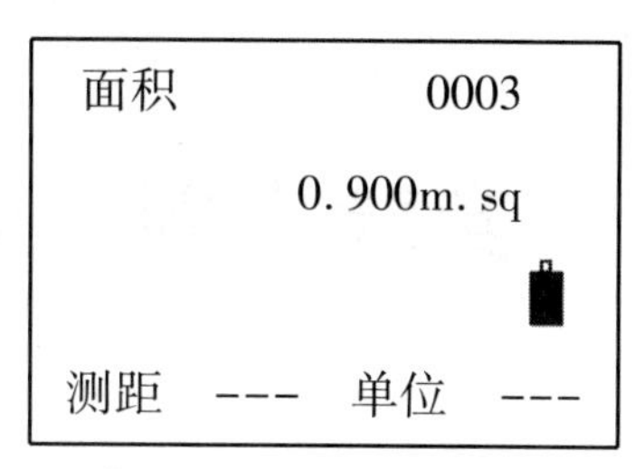

图 32　面积测量结果

五、注意事项

(1)悬高测量第一次测量点与目标点应在同一铅垂线上。
(2)要注意全站仪的测量模式,如果发现不测距,一定要检查测量模式。
(3)在面积测量时,测量点要按顺序进行,以免产生线交叉导致测量结果不准。
(4)所有测量仪器均需在对中整平状态下进行。

实验十四　全站仪坐标测量

一、测量原理

在同一坐标系下，如果知道两个点的坐标，该坐标系的原点位置就能确定。全站仪通过输入同一坐标系中测站点和定向点的坐标，可以测量出未知点（棱镜点）在该坐标系中的坐标，如图 33 所示。

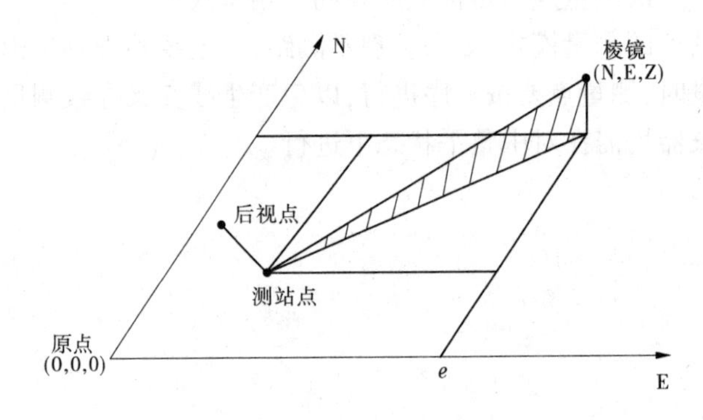

图 33　全站仪坐标测量原理

图 33 中测站点和后视点已知，这样便可以确定原点所在的位置，坐标系就固定了，这样在测站点安置全站仪，通过后视点进行定向，即可测量出棱镜[未知点（N,E,Z）]的坐标。

二、实验目的

（1）进一步熟悉全站仪的操作。
（2）掌握全站仪测站设置、后视设置。
（3）掌握全站仪坐标测量的操作。

三、实验仪器

全站仪 1 台、棱镜 2 个、三脚架 2 个、基座 1 个、对中杆 1 个，记录板 1 块。

四、操作步骤

（一）安置仪器与棱镜

将全站仪安置在测站点上，对中整平，将棱镜安置在后视点上，棱镜用脚架和基座安置，同样需要对中整平。

（二）测站设置

开机后按坐标测量键，如图 34 所示，通过按 F4 键翻页，坐标测量模式共有 3 页菜单。

进入第 2 页,按 F3 键,开始测站设置,测站设置中需要把测站点坐标输入到全站仪中,如图 35 所示,输入时检查一下单位,图 34(c)中 m/f/i 为单位设置功能,按 F3 键可以查看或修改,输入坐标完成后按 F4 键确认,如有输入错误,可以按 F3 键进行修改,所有坐标全部输入完毕后按 F4 键确认,返回到第 2 页,如图 34 所示。

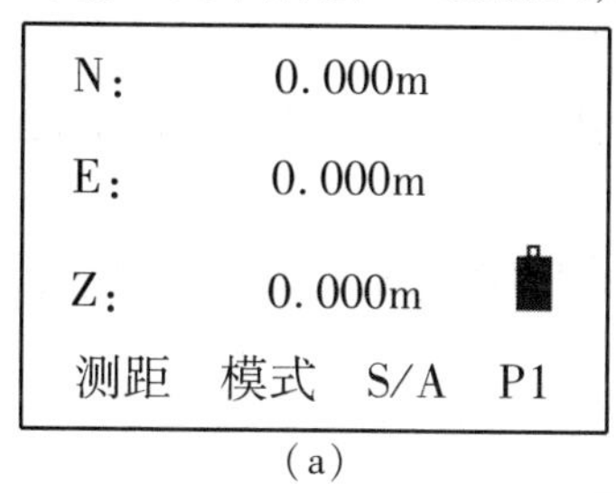

(a)

N:　123. 456m
E:　-987. 015m
Z:　0. 803m
镜高　仪高　测站　P2

(b)

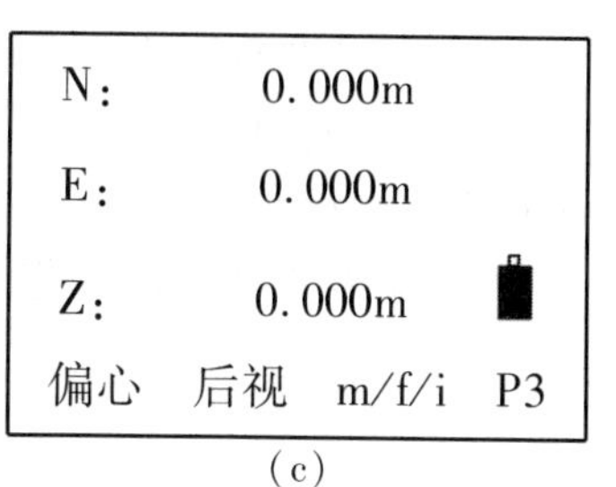

(c)

图 34　坐标测量第 1 页、第 2 页、第 3 页

(三)后视点设置

进行完测站设置后返回坐标测量的第 2 页,此时可以直接按 F4 键翻到第 3 页,如图 34(c)所示,按 F2 键,进入后视设置,如图 36 所示,在此界面下将后视点坐标输入全站仪,然后按 F4 键确认,完成后视设置。

N:　123. 456m
E:　-987. 015m
Z=　0. _　m
---　---　清空　确认

图 35　坐标测量第 3 页及测站点坐标输入

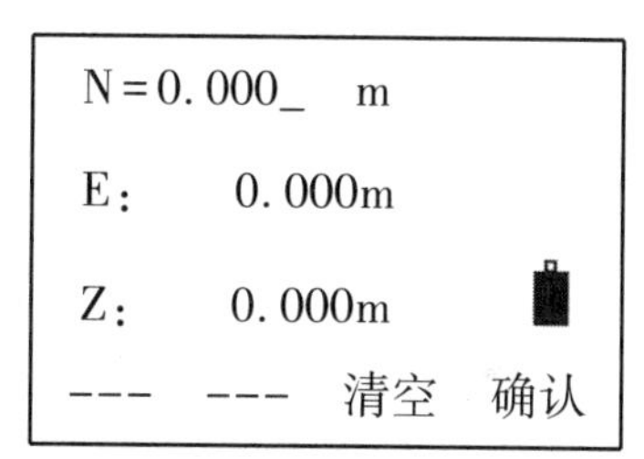

图 36　后视点坐标输入

(四)定向

完成后视点设置后,全站仪自动跳出图 37 界面,此时需要转动全站仪,照准棱镜中心后按 F3 键,则当前水平角被置为方位角,仪器回到坐标测量模式第 3 页 。当后视点设置完毕后,一般需要对后视点进行检验,按 F4 键返回第 1 页,将棱镜放在另一个已知点上,瞄准棱镜后按 F1 键测距,如果获得的坐标与已知坐标的差值在限差范围内,则说明定向无误。

(五)坐标测量

后视点设置完成后,返回第 1 页(见图 38),在待测点上立棱镜,确保对中杆上的圆水准器气泡居中,转动全站仪的望远镜,照准棱镜中心,按 F1 键测距,即可获得待测点坐标。

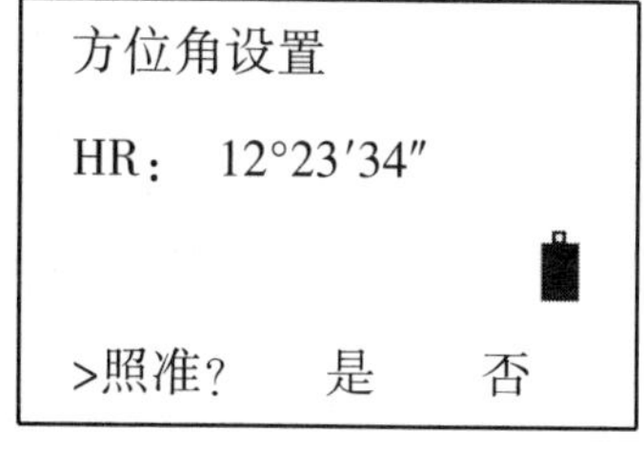

图 37　定向——方位角设置界面

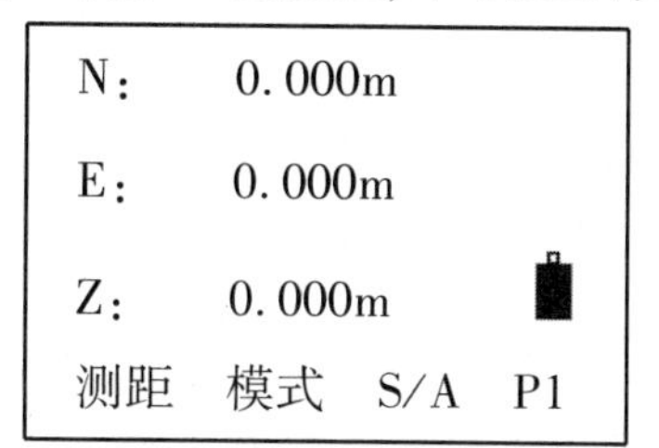

图 38　坐标测量界面

五、注意事项

(1)测站点、后视点仪器安置要严格居中。

(2)在待测点上立对中杆要竖直,确保圆水准器气泡居中。

(3)输入坐标时不要把东坐标(E)和北坐标(N)输入颠倒。

(4)后视点设置完成后一定要进行定向,同时要检核定向的结果是否正确,在此前提下再进行测量点坐标。

(5)此种方法测量的坐标不能被全站仪自动记录,因此需要观测员手工记录点坐标。

实验十五　全站仪数据采集

一、基本原理

全站仪可将测量文件存储在内存中，存储的形式有测量数据文件和坐标数据文件。测量数据文件包含测站原始数据(如测站点号、后视点号、仪器高、觇牌高、水平角、竖直角或天顶距、斜距、已知坐标的反算方位角、测站的温度气压设置、棱镜常数等)，以及碎部地形点的水平角、竖直角、斜距、目标高等数据。而坐标文件中，只包含通过测量原始数据推算出来的平面坐标、高程及对应点号。

二、实验目的

(1)进一步熟悉全站仪的操作。
(2)掌握全站仪数据采集的基本操作。

三、实验仪器

全站仪1台、棱镜2个、三脚架2个、基座1个、对中杆1个，记录板1块。

四、操作步骤

(1)安置仪器与棱镜。将全站仪安置在测站点上，对中、整平，将棱镜安置在后视点上，棱镜用脚架和基座安置，同样需要对中整平。

(2)测量文件选择与输入。开机后按MENU键，进入主菜单显示页面，如图39所示，再按F1键进入数据采集界面，图40所示。

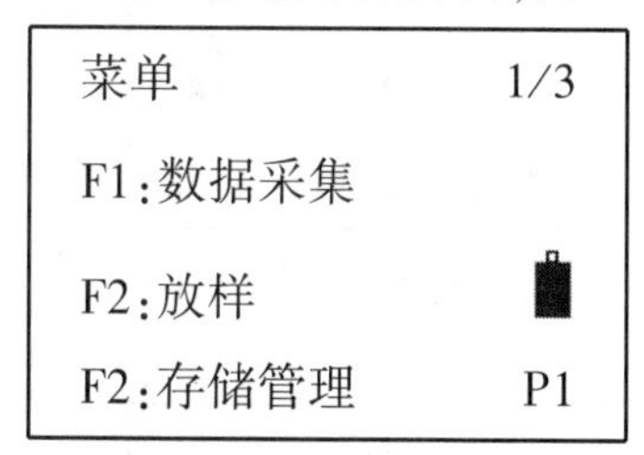

图39　菜单显示页面第1页

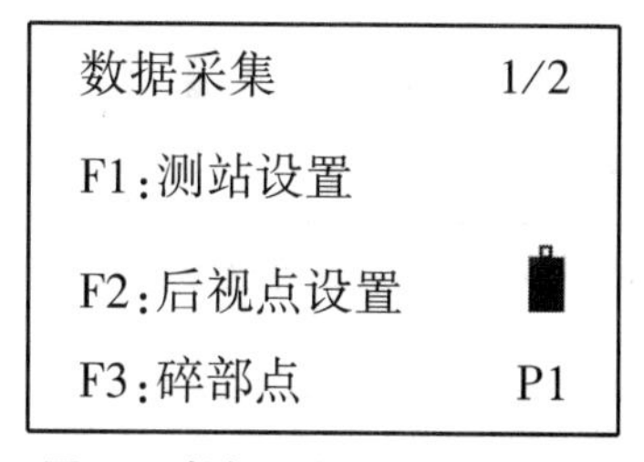

图40　数据采集页面第1页

从图40可以看出，数据采集的设置共分为3步，即测站设置、后视点设置及碎部点采集，按F1键进入数据采集流程，首先需要选择测量数据文件或者新建测量文件(见图41)，按F1键，进入文件输入页面，按照全站仪提示进行操作即可。

如果选择按F2键，出现文件列表(见图42)，测量人员可以在其中选择，如果选择新建，则按照全站仪提示进行操作即可。

选择测量文件

FN：

输入 列表 --- 确认

图 41 测量文件输入界面

>* FDATA_01/M0012

FDATA_02/M0102

FDATA_03/M0008

第一 最后 查找 确认

图 42 测量文件选择界面

(3)测站设置、选择或输入测量文件名称后，返回数据采集界面，见图 39。按 F1 键，进入显示点号选择界面（见图 43），在此可以输入仪器高，按 F4 键进入测站点输入界面，在此界面上可以输入点号、测站点坐标等信息（见图 44），也可调用已经存储在全站仪中的坐标数据文件，输入或调用完成后如图 45 所示，按 F3 键，确认输入信息后，全站仪显示界面返回到图 46 所示界面，进行后视点设置。

点号>

标识符：

仪高： 1.000m

输入 查找 记录 测站

图 43 测站设置——输入仪器高

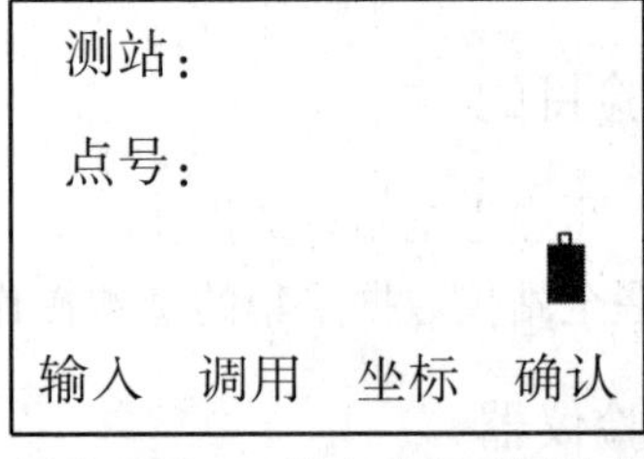

图 44 测站设置——输入或调用测站点坐标

(4)后视点设置。在图 40 所示界面按 F2 键，进入点号选择界面（见图 46），继续按 F4 键进入后视点设置界面（见图 47），在此界面上可以输入点号、后视点坐标等信息，也可通过列表调用已经输入全站仪的后视点信息，输入完成后如图 48 所示，按 F3 键后进入定向界面。

N： 123.456m

E： 987.654m

Z： 159.478m

>OK？ [是][否]

图 45 测站设置——测站点坐标输入

后视点>

编码：

镜高： 1.000m

输入 置零 测量 后视

图 46 后视点设置页面（一）

后视

点号：

输入 列表 NEAZ 确认

图 47 后视点设置页面（二）

N： 123.456m

E： 987.654m

Z： 159.478m

>OK？ [是][否]

图 48 后视点设置页面（三）

(5)定向。进入定向界面后,如图 49 所示,转动全站仪照准部,瞄准后视棱镜中心,按 F3 键确认并返回数据采集菜单,可以直接按 F3 键,进入碎部点测量界面。

(6)碎部点采集。进入待测点测量界面,在此界面上需要手动输入点号、编码、棱镜高等信息,按 F3 键,仪器完成对待测点的测量并自动记录数据,按 F3 键返回到下点测量界面,点号自动加 1。

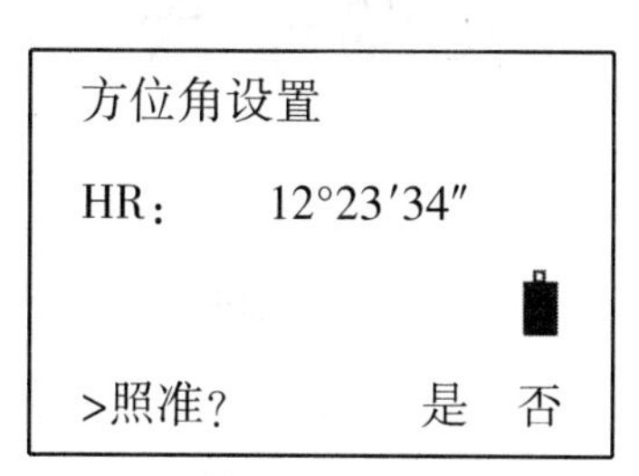

图 49　定向

五、注意事项

(1)测站点、后视点仪器安置要严格居中。

(2)在待测点上立对中杆要竖直,确保圆水准器气泡居中。

(3)输入坐标时不要把东坐标(E)和北坐标(N)输入颠倒。

(4)后视点设置完成后一定要进行定向,同时要检核定向的结果是否正确,在此前提下再进行测量点坐标。

(5)此种方法测量的坐标不能被全站仪自动记录,因此需要观测员手工记录点坐标。

实验十六　全站仪导线测量与内业计算

一、实验目的

(1)进一步熟悉全站仪的操作。

(2)掌握导线测量的过程,观测数据的记录与计算方法。

(3)掌握导线内业计算的步骤。

二、实验仪器

全站仪 1 台、棱镜 2 个、三脚架 3 个、基座 2 个、记录板 1 块。

三、实验步骤

(1)在校园内选择 6~8 个点的闭合导线,将全站仪安置在导线点上,对中、整平。将棱镜安置在基座上,再将基座固定在三脚架上,在导线点上对中、整平,棱镜安置在全站仪两侧相邻的导线点上,如图 50 所示,全站仪安置在 A 点,棱镜分别安置在 B、F 点上。

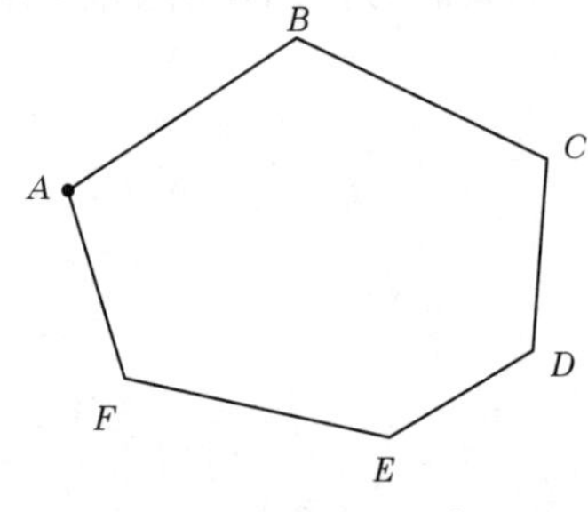

图 50　闭合导线示意图

(2)盘左。利用全站仪望远镜瞄准 B 点棱镜中心,将水平度盘读数置零,进入距离测量模式,按测量键测量 A、B 间的水平距离,记录水平度盘的起始读数和 A、B 两点间的水平距离;顺时针转动望远镜,瞄准 F 点棱镜中心,记录水平度盘读数,进入距离测量模式,测量 A、F 两点间的水平距离,并记录下来。

(3)盘右。倒转全站仪望远镜,用盘右瞄准 F 点棱镜中心,进入距离测量模式,测量 A、F 两点间的距离,记录水平度盘读数和 A、F 两点间的水平距离;逆时针方向转动全站仪的照准部,瞄准 B 点棱镜中心,测量 A、B 两点间距离,记录水平度盘读数和 A、B 两点间的水平距离。

(4)导线内业计算。

四、注意事项

(1)操作要求。按全站仪测量规范进行操作,每人在测站上操作全站仪至少 2 站,安置棱镜至少 2 次。

(2)技术要求。测回法测角的上半测回与下半测回的角度差不超过±40″,角度闭合差 $f_{\beta容} = \pm 40\sqrt{n}$,n 表示测站数。

(3)安置仪器。棱镜要严格对中。

(4)棱镜安置好后,要面向全站仪,以便瞄准。

(5)瞄准棱镜时,十字丝中心要对准棱镜的中心,以便保证测角的精度。

(6)对于单个角的测量应边测量、边计算,如果发现超限应及时重新观测;若角度闭合差超限,应查找原因、适当返测若干测站,直至精度满足要求。

五、全站仪导线测量记录表及内业计算表格

全站仪测角、测距记录表见表14。导线坐标计算表见表15。

表14　全站仪测角、测距记录表

序号	测站	目标点	观测角读数						半测回角值 (°　′　″)	角度 (°　′　″)	距离 (m)
			盘左 (°　′　″)			盘右 (°　′　″)					

表 15　导线坐标计算表

点号	观测角 (°　′　″)	改正后角值 (°　′　″)	坐标方位角 α (°　′　″)	距离 D(m)	增量计算值		x(m)	y(m)
					Δx(m)	Δy(m)		
1	2	3	4	5	6	7	8	9
A								
B								
C								
D								
E								
A								
总和								
辅助计算								

实验十七　水平距离放样

在地面上已知一点及其直线的方向，根据设计图纸上给定的水平距离，在地面上标定另一点位置的工作就是水平距离放样。

一、实验目的

(1)巩固钢尺量距的基本操作方法。

(2)掌握水平距离放样的基本过程及操作方法。

二、实验仪器

全站仪1台、棱镜1个、三脚架1个、对中杆1个、钢尺1把、记录板1块。

三、实验步骤

(一)普通钢尺放样

由于直线的方向已经给定，因此在测量之前可以定线，在给定的方向上钉几个木桩并用白石灰撒上标记，利用钢尺量距的一般方法，从直线的起点A开始测量，一直量到线段的另一个端点B_1；为了检核起见，应再测量一次，确定点位为B_2，计算相对较差，如果精度符合要求则B_1B_2的中点为B点，如果精度不符合要求，重新测量以测定B点的位置(见图51)。

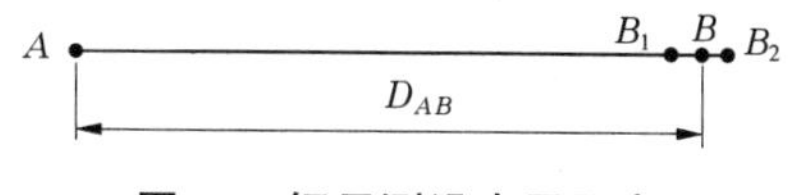

图51　钢尺测设水平距离

(二)全站仪距离放样

将全站仪安置在A点，对中整平，瞄准已知方向，跑杆员将安置棱镜的对中杆放在大体已知的方向上，观测员通过望远镜指挥跑杆员左右移动，使对中杆正好在已知方向上，在对中杆保持竖直的状态下进行距离测量，根据测量结果指挥跑杆员靠近或远离全站仪，多次测量后当仪器显示的测量值与测设值接近时，标定C'的位置(见图52)，然后利用小钢尺量出CC'的距离与测设值的差值，确定C点的位置，将棱镜安置在C点，再次用全站仪进行测距，若不符合应再次改正，直到测设距离符合限差。

四、注意事项

(1)钢尺量距时，注意钢尺要拉平拉直，用力要均匀，要往返丈量。

(2)利用全站仪进行距离放样时，安置全站仪要严格对中、整平，在测量距离时，对中杆要竖直，读取距离时要读水平距离。

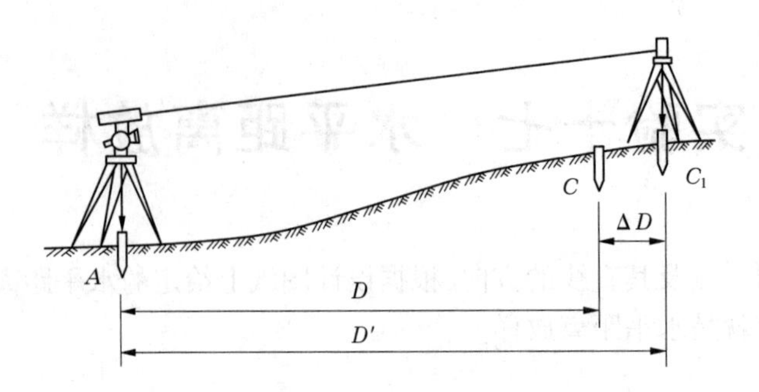

图 52　全站仪水平测距

(3)测距精度要求较高时,要注意尺长改正、温度改正、高差改正、气象改正等条件。

实验十八　角度放样

一、实验目的

(1)进一步掌握经纬仪(全站仪)的使用方法。
(2)掌握水平角测设的一般方法和精密方法。

二、实验仪器

经纬仪(全站仪)1台、三脚架1个、小钢尺1把。

三、实验步骤

如图53所示,O、A点位置已知,并在地面上标识出来,预测设水平角$\angle AOB=\beta$。

(一)一般测设方法

首先在O点安置仪器,对中、整平;盘左瞄准A点,读取水平度盘读数,顺时针转动照准部,当水平度盘读数增加β值时,观测员指挥另一人在视线方向上定出B_1点;盘右瞄准A点,读取水平度盘读数,逆时针转动照准部,当水平度盘读数增加β值时,观测员指挥另一人在视线方向上定出B_2点;取B_1、B_2中点作为B的最终位置。

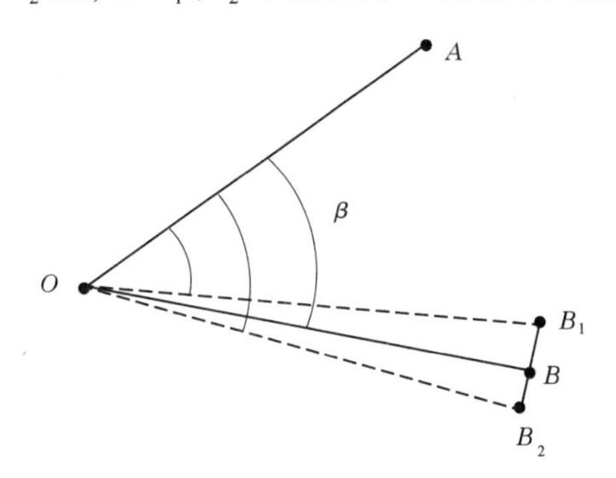

图53　水平角测设的一般方法

(二)精密测设方法

首先在O点安置仪器,对中、整平;然后用一般观测方法测设水平角β_1,得到另一边B_1;对$\angle AOB_1$多观测几个测回,取其平均数β_1,计算观测角β_1与待测水平角β之差$\Delta\beta$,进而计算出改正数BB_1。

$$\Delta\beta=\beta-\beta_1 \qquad BB_1=AB\times\tan\Delta\beta=AB\times\Delta\beta/\rho$$

再量取改正距离,如果$\Delta\beta$为正,则沿OB_1的垂直方向向外量取,如果$\Delta\beta$为负,则沿OB_1的垂直方向向内量取。

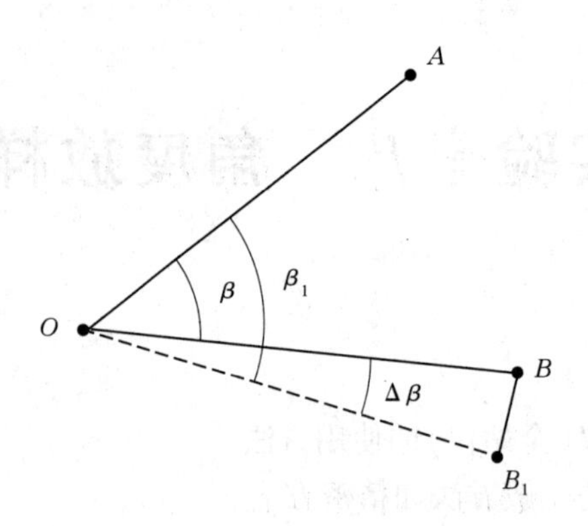

图 54　水平角测设的精密方法

四、注意事项

(1)仪器在安置时要严格对中、整平。

(2)用精密方法测设时,在量取 $\angle AOB_1$ 的角度时应该用测回法多测量几个测回,取平均值作为 $\angle AOB_1$ 的最终角度值。

(3)水平角度放样操作不同于角度观测,需要转动水平微动螺旋,使水平度盘读数为理论读数,理论读数等于起始方向读数加上所需要放样的角度。

实验十九　高程放样

一、实验目的

(1)进一步掌握水准仪的用法。
(2)掌握不同情况下高程放样的基本操作过程。
(3)掌握高程放样过程中高程的计算方法。

二、实验仪器

水准仪、水准尺、记录本。

三、实验步骤

(一)正尺法

高程测设与水准测量不同,高程测设不是测量两个固定点间的高差,而是根据一个已知高程的水准点,测设设计单位给定点的高程。如图 55 所示,已知水准点 A 的高程为 18.150 m,预在 B 点的木桩上测设高程为 18.500 m 的高程点,具体操作方法如下。

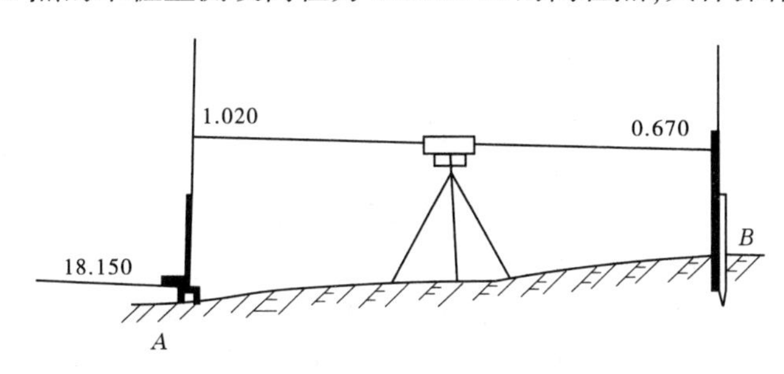

图 55　高程测设　(单位:m)

首先在 A、B 两点间安置水准仪,整平,在 A、B 两点各立一个水准尺,观测 A 点水准尺读数,如果读数为 1.020 m,则视线高为 18.150+1.020=19.170(m);根据视线高程和待测点高程,可以计算出 B 尺读数为 19.170−18.500=0.670(m),B 点立尺人员上下移动水准尺,当观测员在水准仪望远镜中观测到的读数为 0.670 m 时,尺子底部的高程正好为 18.500 m。

(二)倒尺法

在高程测设过程中经常遇到测设点高程大于仪器视线高的情况,可根据现场条件,将尺子倒立起立,使视线对准倒尺上的读数,这时尺子零点的高程即为测设点高程。

如图 56 所示,要测设隧道顶部高程 H_B,从图 56 上可以看出,隧道顶部高程明显高于已知水准点 A 的高程 H_A,因此在实际测设过程中,可采用倒尺法。在 A、B 两点间安置水准仪整平,首先在 A 点立尺,观测员观测 A 点水准尺读数为 a,则视线高程为 H_A+a,B 点

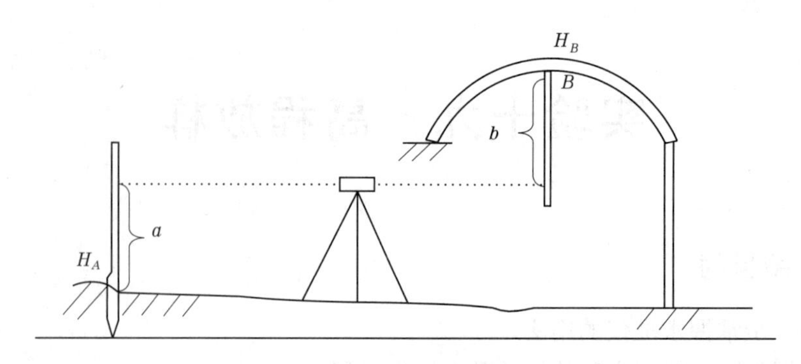

图 56 倒尺法高程测设

的待测高程为 H_B，B 点与视线高之间的高差为 $H_B-(H_A+a)$，在 B 点倒立水准尺，上下移动水准尺，当水准尺的读数 $b=H_B-(H_A+a)$ 时，水准尺零点处高程为待测高程。

（三）高程传递法

当视线高程与测设点高程相差较大，超过了水准尺的长度时可采用高程传递法。如图 57 所示，基坑深度较大，超过了水准尺的长度，可以采用钢尺传递高程的方法进行测设。

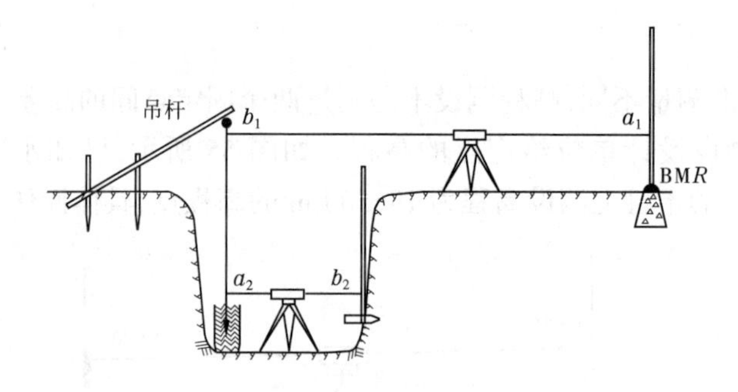

图 57 高程传递测设

首先在基坑上部左侧安装一个吊杆，上面悬挂钢尺，钢尺下侧用重物悬垂，悬垂于一个空桶内，悬挂钢尺时零点朝下。在基坑上部右侧钢尺和水准点之间的位置安置水准仪，在水准点 R 上安置水准尺，进行观测，此时可以计算出第一次测量的视线高度为 H_R+a_1；将水准仪迁至基坑内部，在基坑内部右侧边缘立水准尺进行观测，则在基坑内部视线高度为 $H_R+a_1-(b_1-a_1)$，设待测点高程为 H，上下移动基坑内右侧水准尺，当水准尺读数为 $H_R+a_1-(b_1-a_1)-H$ 时，水准尺零点高程即为测设点高程。

四、注意事项

（1）高程放样时水准仪要严格整平，水准仪到水准点与待测点的距离大致相等。

（2）需要两个人相互配合，一人边观测边指挥，另一人移动水准尺，在上下移动水准尺时，要根据实际读数与理论读数之差确定移动量。

（3）确保计算准确，高程测设完成后要对其进行验证，放样结果是否在规定的限差内，一般不超过±3 mm，如果超限需要重新测设。

（4）要注意随时清除水准尺底部所粘的泥土，以防影响测设结果。

实验二十　全站仪坐标放样

一、实验目的

(1)掌握全站仪的操作方法。
(2)掌握利用全站仪放样的基本方法和操作步骤。

二、实验仪器

全站仪1台、棱镜2个、三脚架2个、对中杆1个、基座1个、钢尺1把,记录板1块。

三、实验步骤

全站仪放样程序可以帮助用户在工作现场根据点号和坐标值将该点标定到实地。如果放样点坐标数据未被存入仪器内存,则可以通过键盘现场输入;如果坐标数据量较大,也可以在室内通过通信电缆,将放样数据由计算机传输到仪器内存,以便到工作现场能快速调用。

放样的基本步骤:首先选择坐标数据文件,可进行测站及后视坐标数据的调用。直接跳过不选择坐标数据文件,但测站及后视坐标数据无法被调用;其次进行测站点设置;再次设置后视点,确定方位角;最后输入或调用待放样点坐标,开始放样。在此我们选择采用直接输入坐标的方法,进行放样操作说明。

(1)安置仪器。将全站仪安置在已知点上,开机后对中、整平,将棱镜安置在基座上,并固定在三脚架上,棱镜安置在后视点上,对中、整平。

(2)按MENU键,进入主菜单,如图58所示,选择F2键后进入坐标文件显示界面,如图59所示,在此可以输入坐标文件名称或者调用已经导入的文件名称,按F3键选择跳过,进入放样设置菜单,如图60所示。

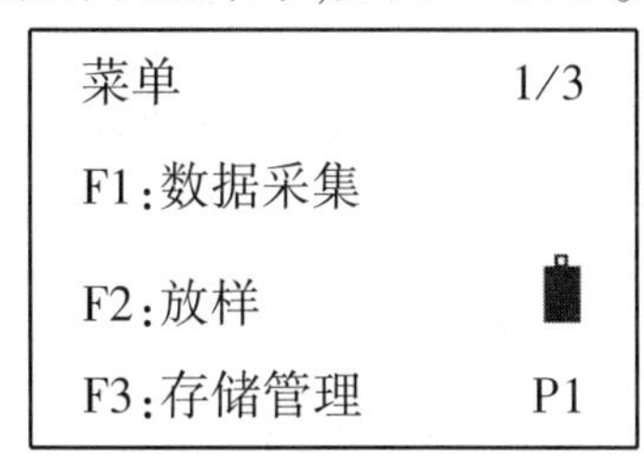

图58　菜单界面第1页

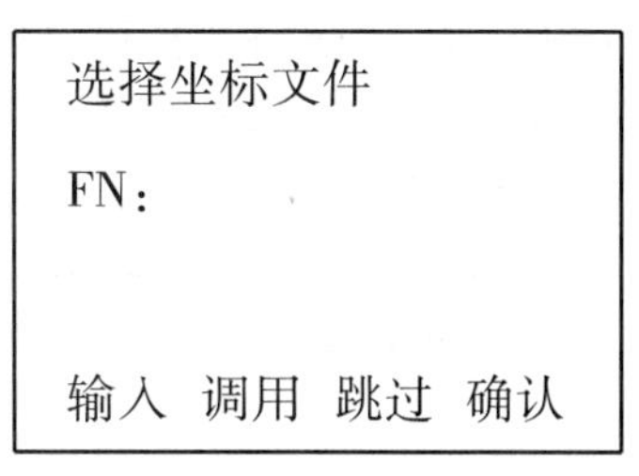

图59　放样坐标文件输入

(3)测站设置。按F1键,进入测站设置后,出现图61所示界面,需要输入坐标具体数值,通过全站仪键盘上的数字键分别输入东坐标(E)、北坐标(N)和高程(Z)后按F4键确认(见图62),界面返回到图60。

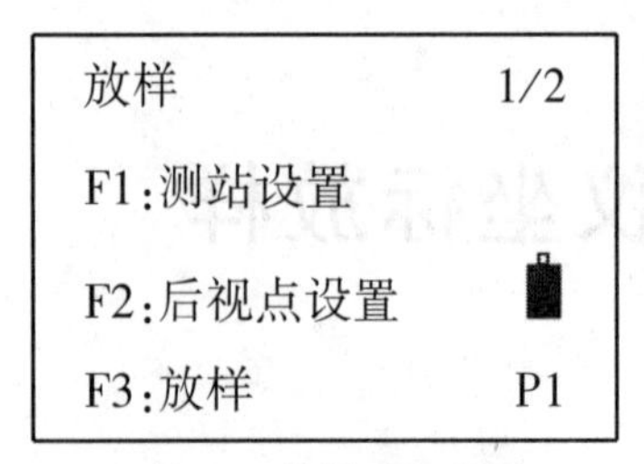

图 60 放样过程设置

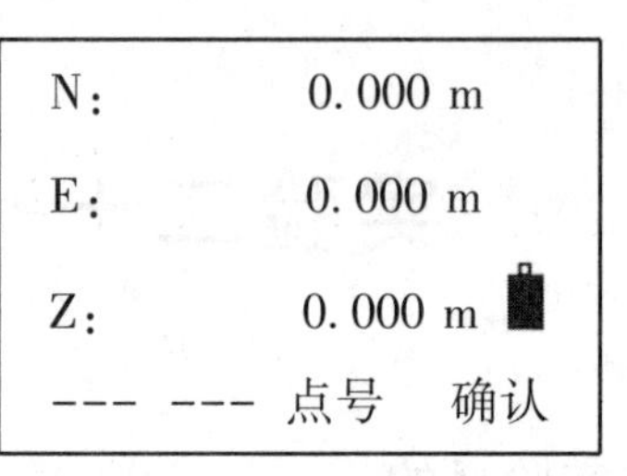

图 61 测站点坐标输入

(4)后视设置。按 F2 键,进入后视点设置页面,如图 63 所示,利用全站仪的数字键盘输入后视点三维坐标后按 F4 确认键(见图 64),出现方位角设置页面,如图 65 所示。

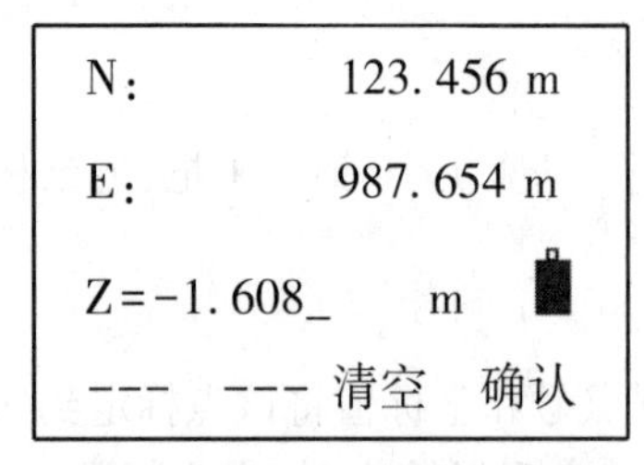

图 62 测站点坐标输入结果

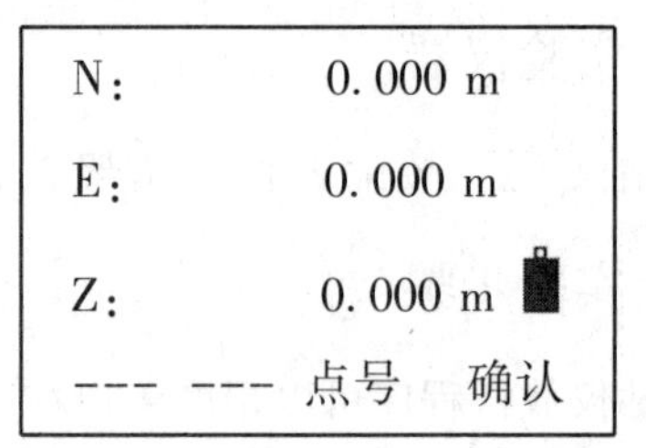

图 63 后视点设置

(5)定向。转动全站仪照准部瞄准后视点棱镜,按 F3 键完成定向后返回图 60 所示界面。

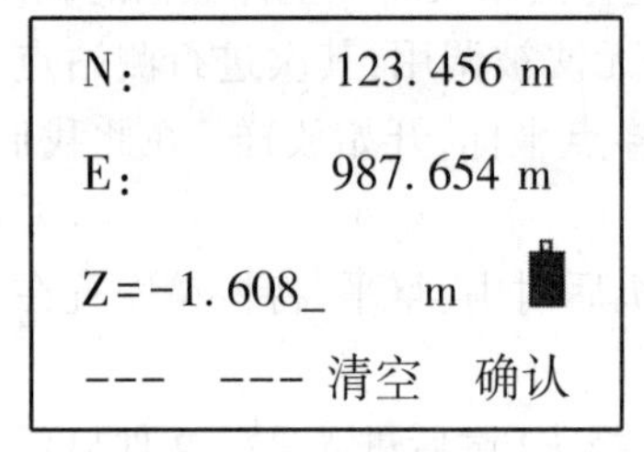

图 64 后视坐标输入

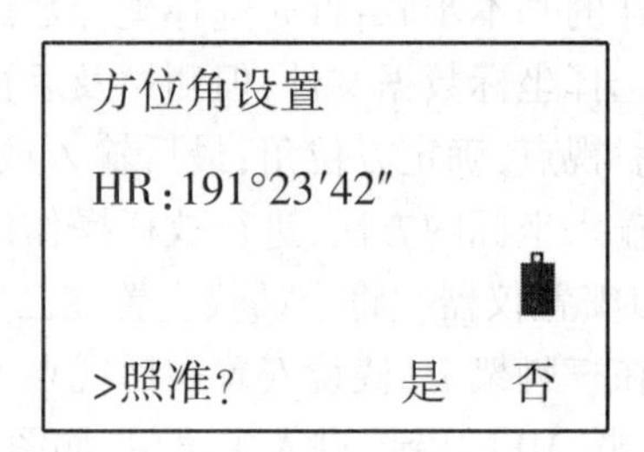

图 65 定向

(6)输入放样点坐标。按 F3 键选择放样,进入输入放样点坐标界面,该界面跟测站点和后视点坐标输入完全相同,利用全站仪数字键盘输入坐标后,按 F4 键,出现输入棱镜高度,将对中杆上的高度输入即可,再次按 F4 键确认后出现计算结果,即放样点的方向及与测站点的距离,见图 66、图 67。

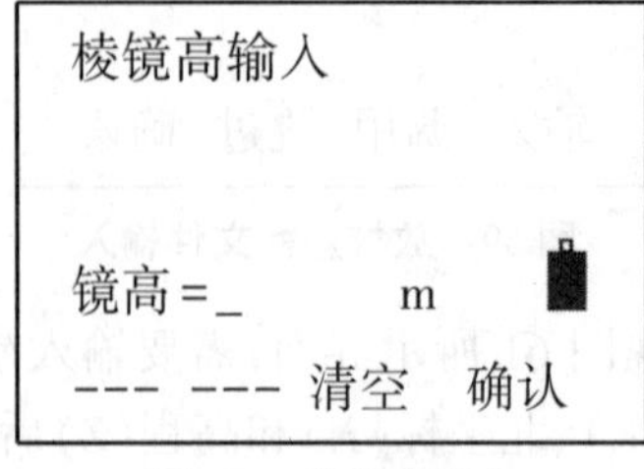

图 66 棱镜高输入

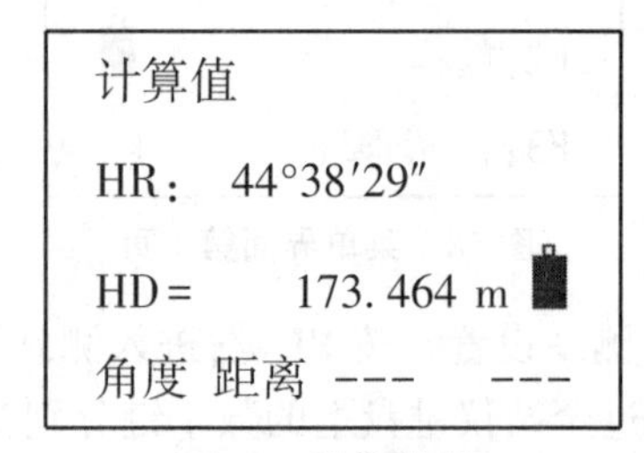

图 67 计算结果

(7)方向确定。在图 67 的界面上按 F1 键,进入方向确定界面,如图 68 所示,转动全站仪照准部,使 dHR 值变为 0°00′00″时,放样点的方向就确定下来了。

(8)距离确定。确定好方向以后,将全站仪水平制动锁死,观测员指挥跑杆员拿着棱镜立在调整后的方向上,瞄准棱镜后,按 F1 键,进行距离测量,如图 69 所示,在此方向上前后移动棱镜,进行距离测量,直到距离在±5 cm 内,用小钢尺进行量距,确定点位后再立对中杆进行距离测量,直到 dHD 的数值为 0 或在规定的限差内,则放样点的测设完成。如果高程也要精确放样的话,dZ 值也应为 0 或在规定的限差内。按 F3 可出现该点位的坐标,如图 70 所示,按 F4 键进行下一点位放样,重复(6)~(8)步操作即可。

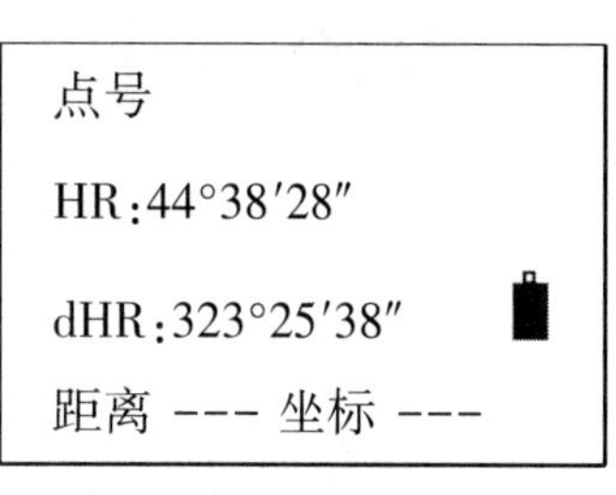

图 68　方向确定界面

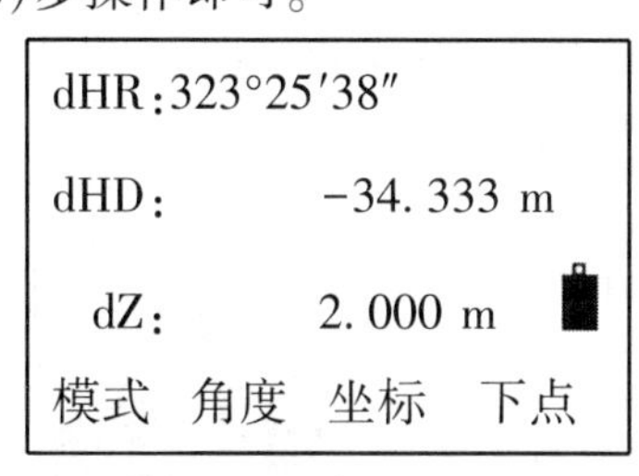

图 69　距离确定界面

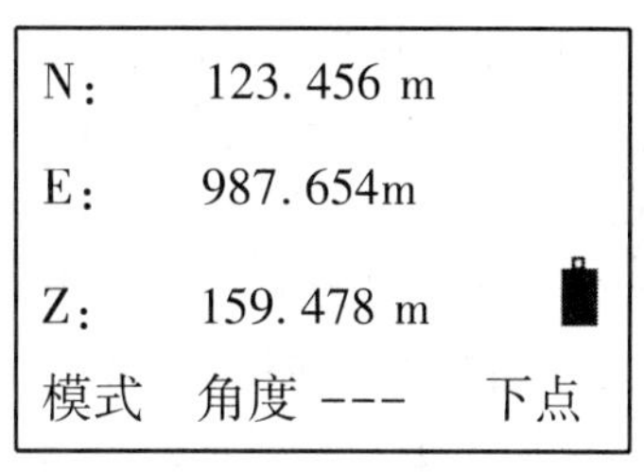

图 70　放样结果

四、注意事项

(1)输入仪器的坐标数据经检测无误后方可使用,测设完毕后要进行检验。

(2)全站仪放样时,要进行后视点检测、坐标差和高程差均要小于±0. 05 m。

(3)进行后视点检验时,要注意不同品牌仪器的操作方法。

(4)量取仪器高要仔细、认真,防止出现错误。

实验二十一　华测 LT500 GNSS 手持机认识及使用

一、仪器简介

华测 LT500 GNSS 手持机(见图 71),支持 BDS、GPS、GLONASS、GALILEO,星座最全,定位更准确,达到分米定位精度,保证精度准确可靠;抽拉式锂电池设计拥有智能自主充电技术和智能电量存储技术,可有效延长电池供电时间,连续使用 12 h;机身内置 16 GB 存储空间,无需担忧存储数据空间不够的情况,采用惰性安全存储技术,保证数据永久安全。适用于国土、电力、供水、消防、燃气、矿界勘察等各种 GIS 数据采集。

MapCloud 软件作为华测 LT500 GNSS 手持机的核心应用软件,是一款专业的 GIS 数据采集软件,可以和任何一款 GIS 平台进行无缝对接,实现采集终端与管理平台的数据兼容,满足不同行业项目的实际需求。MapCloud 软件采用模块化设计,每个功能模块可以单独封装,用户根据项目的实际要求,可以在 MapCloud 软件上进行定制化开发,形成针对用户需求的数据采集与管理软件。MapCloud 软件自带导航功能,根据输入的坐标、已采集对象的坐标、地图选取的坐标进行导航,并在数据采集窗口直观显示导航信息,方便用户在外业进行地物对象的查找与数据更新。MapCloud 软件实时显示、记录轨迹数据,并可通过实时/事后轨迹数据分析,了解外业数据采集人员的工作情况,预测外业工作的效率及数据的完善程度,进一步管控外业数据采集工作的高效性。

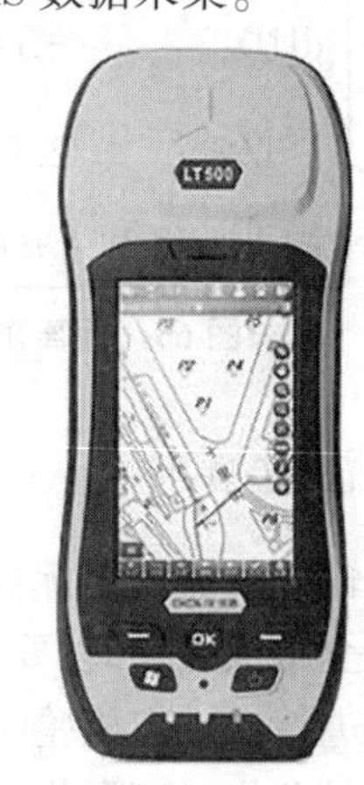

图 71　华测 LT500 GNSS 手持机

二、实验目的

(1)掌握华测 LT500 GNSS 手持机数据采集的基本操作。

(2)掌握利用华测 LT500 GNSS 手持机进行导航的操作。

(3)掌握 MapCloud 软件的基本操作。

三、实验仪器

华测 LT500 GNSS 手持机 1 部。

四、实验步骤

(1)开机。长按华测 LT500 GNSS 手持机电源键,进入开机界面。

(2)运行 MapCloud 软件,用手持机所带的专用笔点击图标,运行 MapCloud 软件,由启动界面进入快速工程界面，如图 72 所示。

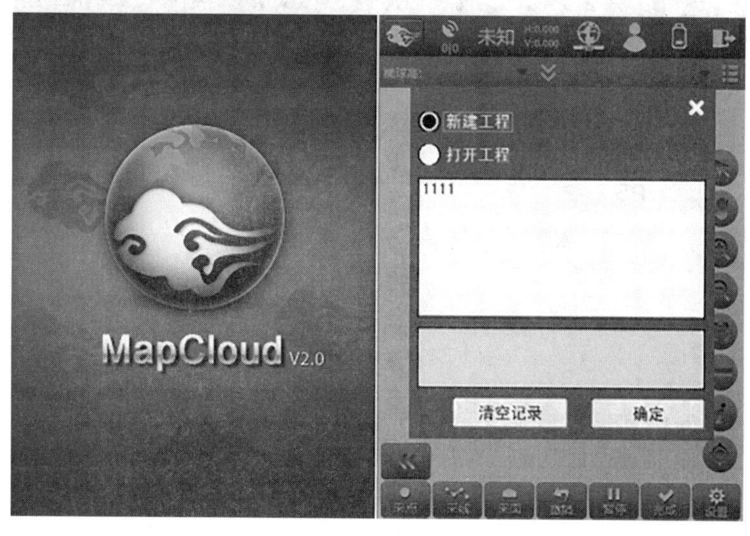

图 72　MapCloud 图标及启动界面

(3)新建工程，用户可以直接新建工程，也可以打开手簿中已存在的工程后，进入主界面，如图 73 所示。主界面中包含了工程管理、地图编辑操作、设置等所有操作。

图 73　MapCloud 主界面

(4)搜星。进入主界面后系统自动开始搜星，当接收到的卫星数量大于 4 颗以上时即可进行采集，否则提示精度不足。

(5)采点。点击地图上的采点按钮采集一个点，当第一次点击采点任务的时候会创建一个点类型的任务，并弹出倒计时对话框。将当前得到的点添加到当前任务，点击完成后，自动弹出属性设置框，如图 74 所示，在属性设置中可以查看点的信息及现场拍照并上传。

(6)采线。点击地图上的采线按钮(见图 75)。采线分为连续采线和非连续采线，由设置里面的采集设置来控制，即点击[设置]→[采集设置]选择。第一次点击采线按钮的时候会创建一个线类型的任务对象。非连续采线就是每次点击采线按钮采集一个构成线对象的点，点击完成后恢复常态，如此反复，直到点击完成后，构建一个完整的线对象，这时刚才构建的线类型的任务会消失，非连续采线任务结束。

连续采线又分为两种类型，按照时间间隔采线和按照距离间隔采线。通过地图界面的设置来决定连续采线的类型，在连续采线模式下，按下采线按钮后按钮处于被选中状态，直到可以构成一个线对象，并且点击完成后才结束采线，此时采线按钮恢复常态。

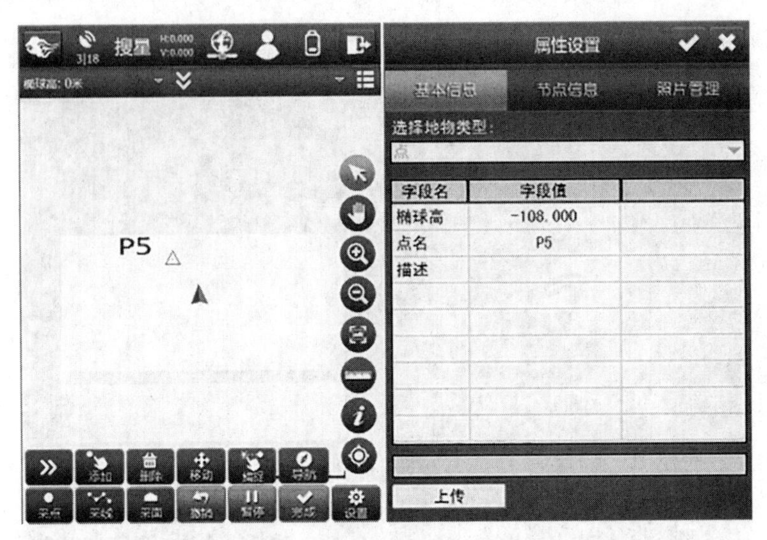

图 74　采点

(7)采面。采面功能与采线功能相似,按下采面键(见图 76),移动手持机便开始面的采集,按完成后结束采集。

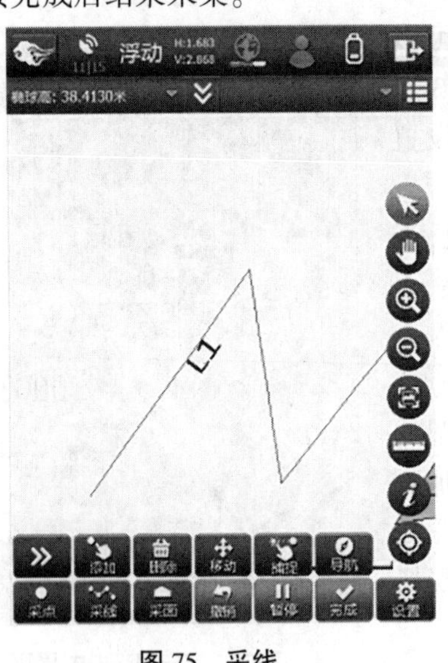

图 75　采线

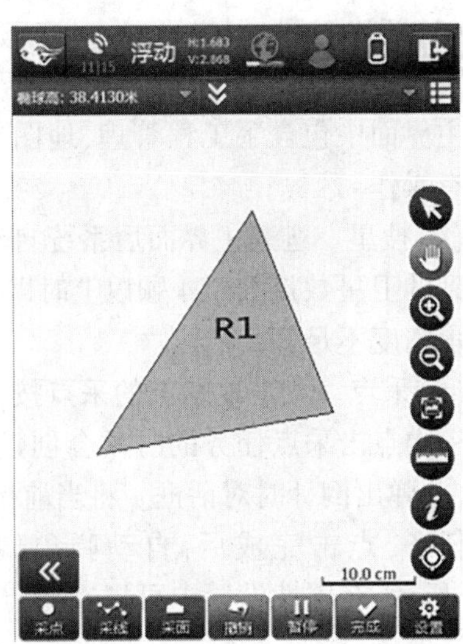

图 76　采面

(8)导航。点击【导航】进入导航界面,弹出导航设置窗口,如图 77 所示。

选择【地图取点】导航方式,点击[在地图上点击目的地]后,会自动从当前位置导航至目的地。如在【设置】中设置导航信息显示,则地图上会出现距离、高差、速度、方向的导航信息(见图 78)。

选择【选取点对象】导航方式,导航的目的地必须是地图界面已存在的点对象,否则无法导航。

选择【选取线对象】导航方式,此处线对象有且仅有两个节点,否则无法导航。选择线对象后,弹出窗口设置起始点。

图 77　导航

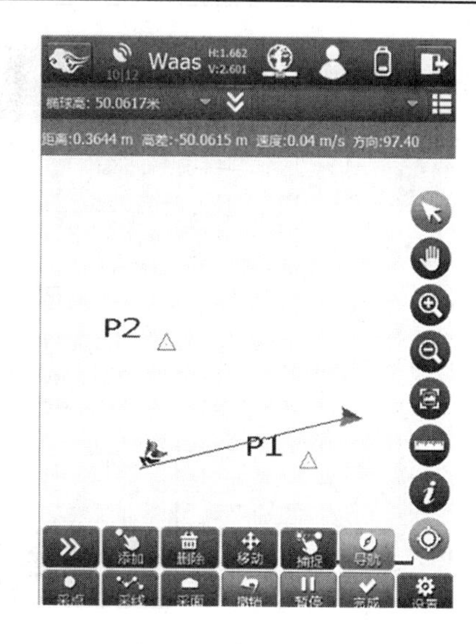

图 78　地图选点导航

选择【手动输入】方式导航，在导航设置界面，输入目的地的经纬度和椭球高或者平面坐标和高程，软件自动导航到目的地（见图 79）。

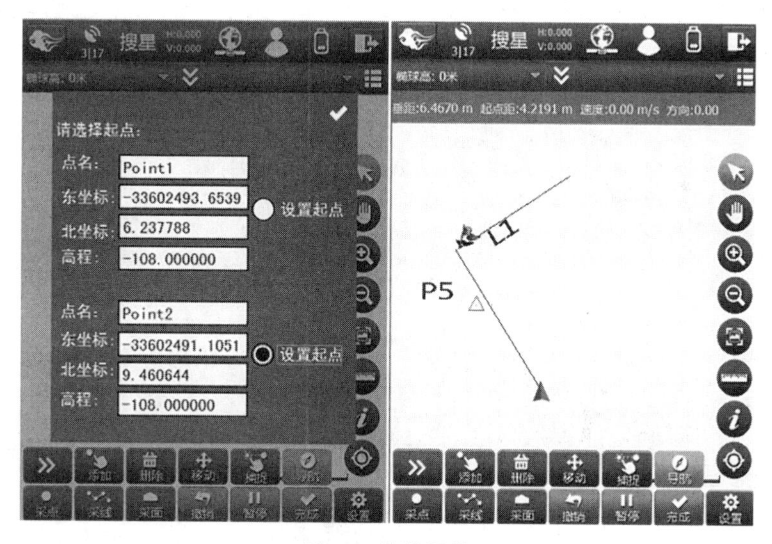

图 79　选线导航

（9）地图量测。主界面中，点击测量图标后，可在地图界面点击选取量测范围，直接显示绘制范围的面积、周长，以及每段线长，如图 80 所示。再次点击测量图标取消量测，并清除测量结果。显示测量结果的单位可在【设置】→【单位设置】中修改。

五、注意事项

（1）在使用华测 LT500 GNSS 手持机进行测量时，一定要在空旷的地方，远离高大的建筑物和树木、广阔的水面。

（2）打开 MapCloud 软件后，待搜星完成后方可开始测量。

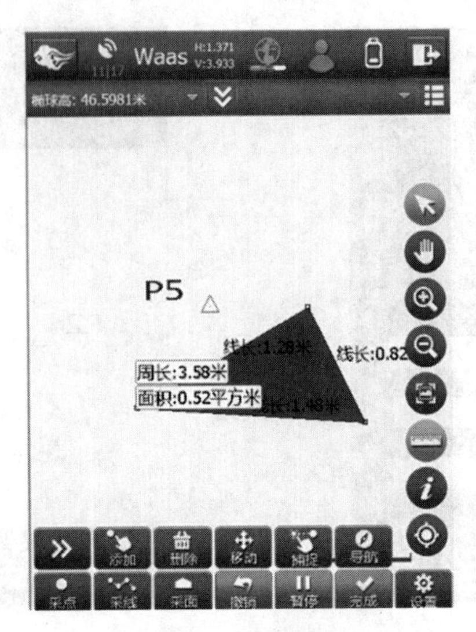

图 80　地图测量

(3)确保华测 LT500 GNSS 手持机电量充足。

实验二十二　静态接收机的外业测量及内业数据解算

一、实验目的

(1)熟悉和掌握南方9600型静态接收机的基本操作步骤。
(2)掌握利用南方GPS后处理软件解算静态观测数据的方法。

二、实验仪器

南方9600型静态接收机3台,三脚架3个,基座3个。

三、实验步骤

(一)外业测量

(1)安置仪器。在室外空旷的地方选择3个点,其中1个点的坐标为已知,在每个点上安置1台。将静态接收机安置在基座上,用中央连接螺旋将基座与三脚架头连紧,对中、整平,量取仪器高,量取对中点到已知高度标识线的斜高。

(2)开机。在确保电池有电的前提下,长按接收机电源开关,注意观察开机后主界面的变化情况。

(3)观测。智能观测模式,开机后不进行任何操作,接收机自动搜星并判断卫星状态和PDOP值,在PDOP值满足要求后进入数据采集状态,同时记录数据采集的时间;人工模式,在初始界面按遥控器的F2键,进入系统主界面,可以进行采样间隔、截止角、采点次数等相关参数的设置,按F3键开始数据采集。

(4)关机。当观测时间达到规定要求或预收工时,长按主机面板上的电源键关机,分别取下接收机、基座,仪器装箱,迁站或收工。

(二)内业解算

1. 数据下载

将接收机采集的数据文件下载到计算机中。利用专用的数据线将静态接收机与电脑连接(与电脑端连接需使用串口1或串口2),打开接收机电源。运行南方测绘GPS数据处理软件,点击【工具】→【南方接收机数据下载】,在下载界面里点击【连接】,此时接收机里的所有数据会传输到下载界面里,找到本组观测的数据后并选中,输入相应天线高、点号、观测时段等信息,点击【传输数据】,将观测数据传输到指定的文件夹里,完成传输操作,点击【断开】,断开接收机与计算机之间的连线,关闭接收机,装箱放回,重复以上操作,将其他两台接收机的数据也下载到电脑中。操作界面见图81。

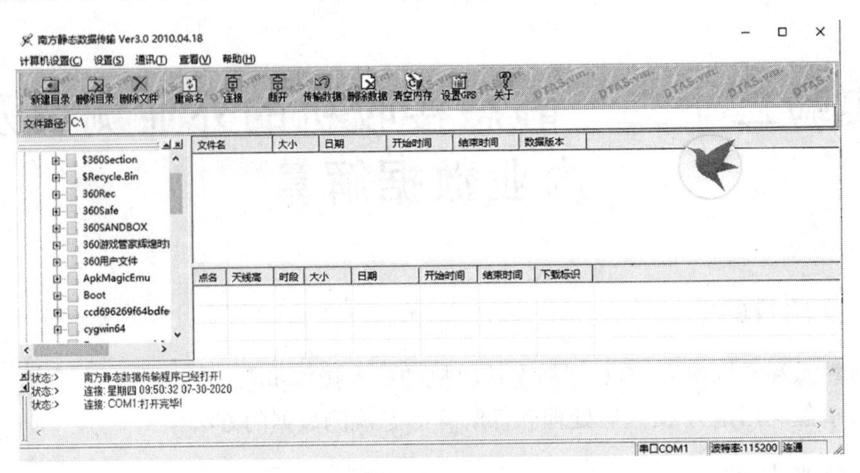

图 81　南方静态数据传输软件界面

2. 数据处理

1) 新建项目

运行南方 GPS 数据处理软件,打开软件界面,点击【文件】→【新建】,在出现的对话框中选择坐标系、控制网的等级等信息,点击【确定】进入主界面,如图 82、图 83 所示。

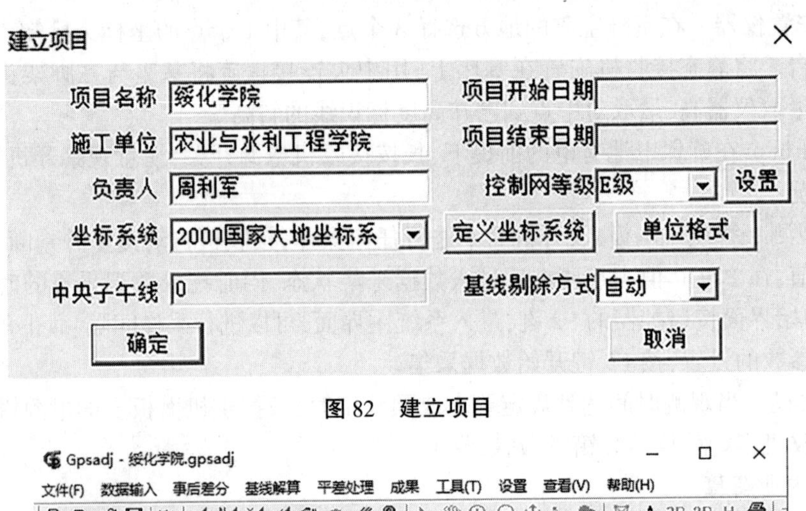

图 82　建立项目

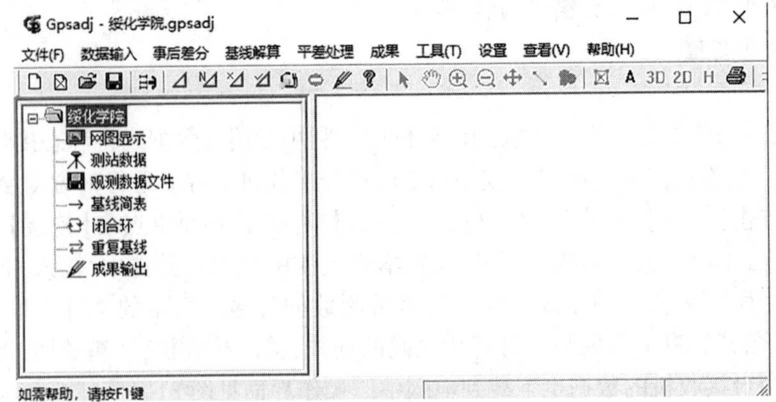

图 83　软件主界面

2）增加观测数据

在菜单栏中点击【数据输入】→【增加观测数据文件】，在选择路径中找到从静态接收机中导出的观测文件所在的路径，在文件列表中可以看到，然后点【全选】（也可以一个一个选择），单击【确定】按钮，如图 84 所示，弹出数据记录处理进度条，待全部数据导入软件后，在软件主界面出现观测点位置及网络图，如图 85 所示。

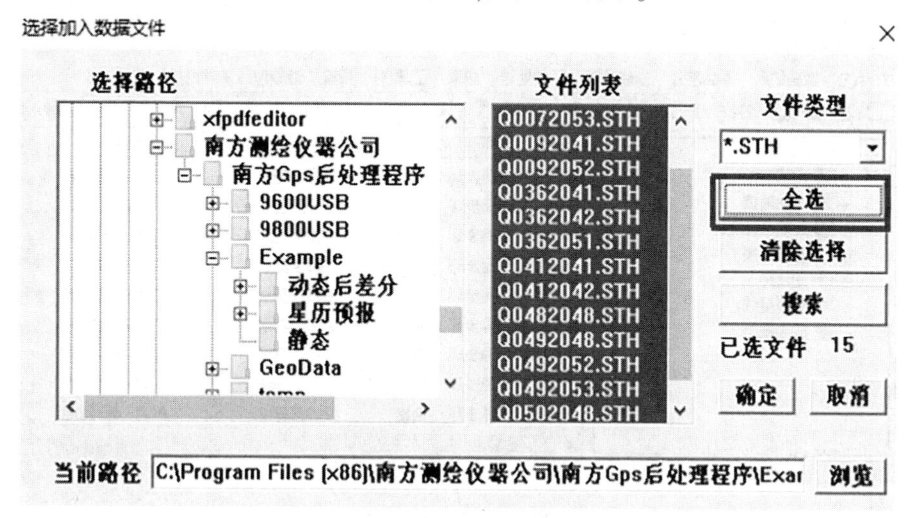

图 84　添加观测数据文件

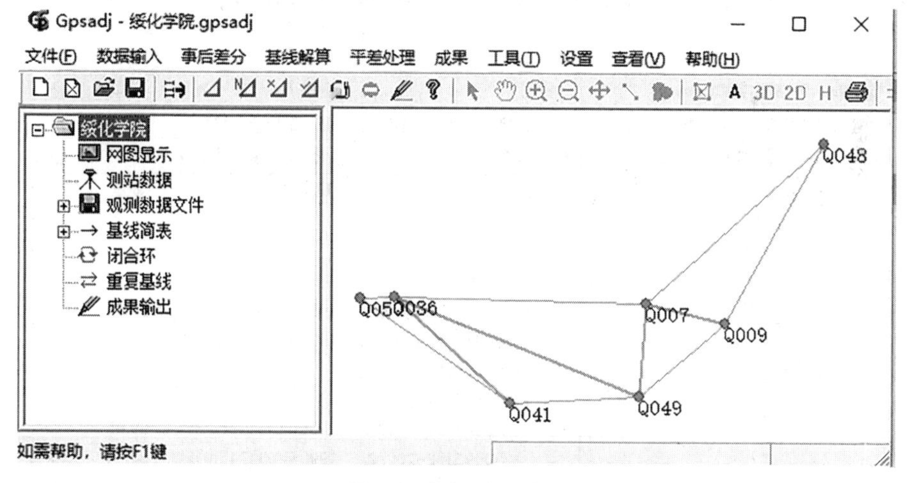

图 85　数据导入结果

观测数据文件导入软件后要检查测站数据和观测数据文件项目，以防止错误出现。

3）解算基线

导入数据以后，在菜单栏里点击【基线解算】→【解算全部基线】，电脑屏幕上出现自动计算进度条显示解算进度，如果观测数据量较大，解算时间较长，若想中断解算，点击进度条上的停止即可。基线解算完成后，颜色由原来的绿色变成红色或灰色，红色表示解算合格，灰色表示解算不合格。

4)检查闭合环和重复基线

基线解算合格后,在“闭合环”查看闭合环情况,首先对同步时段任一三边所组成的同步环的坐标分量闭合差、全长相对闭合差按独立环闭合差要求进行同步环检核,然后计算异步环,程序将自动搜索所有的同步、异步闭合环,如图 86 所示,从图中可以看出所有的同步闭合环和异步闭合环都合格。

Gpsadj - 绥化学院.gpsadj

文件(F) 数据输入 事后差分 基线解算 平差处理 成果 工具(T) 设置 查看(V) 帮助(H)

绥化学院 / 网图显示 / 测站数据 / 观测数据文件 / 基线简表 / 闭合环 / 重复基线 / 成果输出

环号	环形	质量	环中基线	观测时间
1	同步环	合格	共3条基线	07月24日07时
4	同步环	合格	共3条基线	07月24日09时
1...	同步环	合格	共3条基线	07月24日11时
1...	同步环	合格	共3条基线	07月23日18时
1...	同步环	合格	共3条基线	07月23日16时
2	异步环	合格	共3条基线	07月24日09时
3	异步环	合格	共3条基线	07月24日09时
5	异步环	合格	共3条基线	07月24日11时
6	异步环	合格	共3条基线	07月24日11时

如需帮助,请按F1键

图 86　闭合环检查结果

在基线解算完成后,软件自动识别和剔除不合格的重复基线,如图 87 所示。

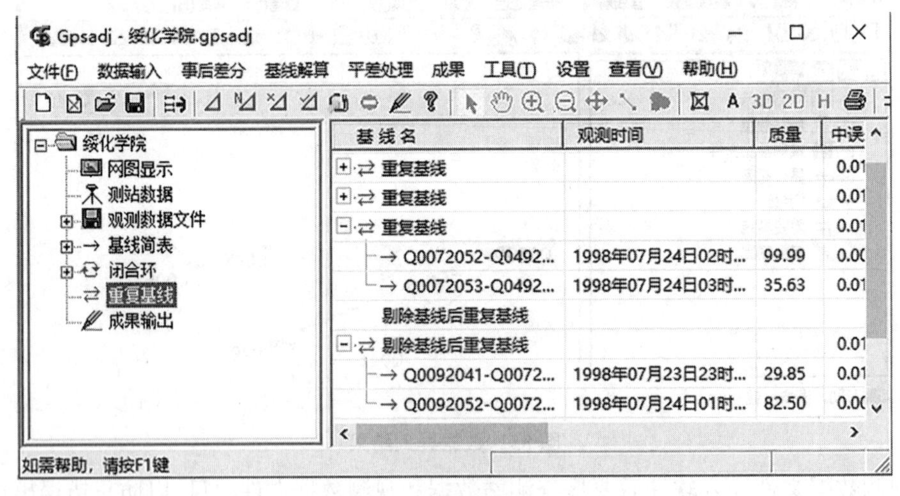

图 87　重复基线

5)网络平差及高程拟合

(1)数据录入。输入已知点坐标,本例中控制点中 Q007 和 Q049 为已知点,点击菜单栏中的【数据输入】→【坐标数据录入】,在弹出的对话框(见图 88)中,将 Q007 和 Q049 两个点的坐标输入。

(2)平差处理。进行整网无约束平差和已知点联合平差,按以下步骤依次进行。

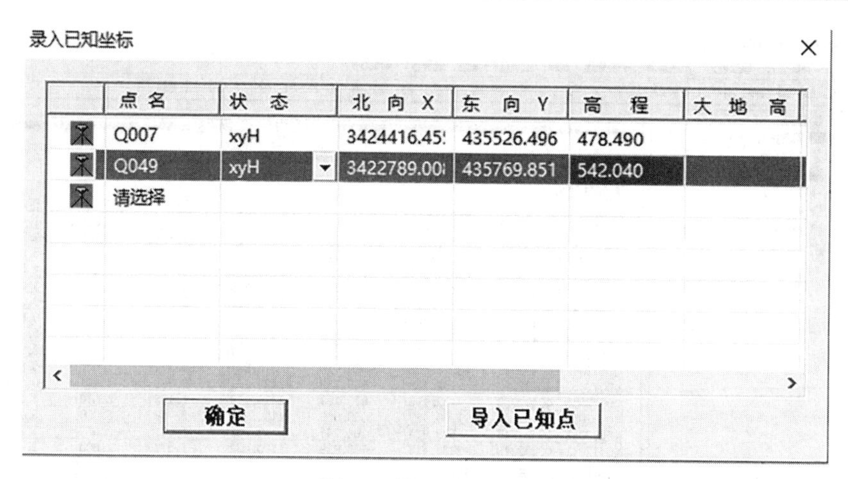

图 88　录入已知坐标

第一步：自动处理。基线处理完成后点击菜单【平差处理】→【自动处理】，软件会自动选择合格基线组网，进行闭合差处理，如图 89 所示。

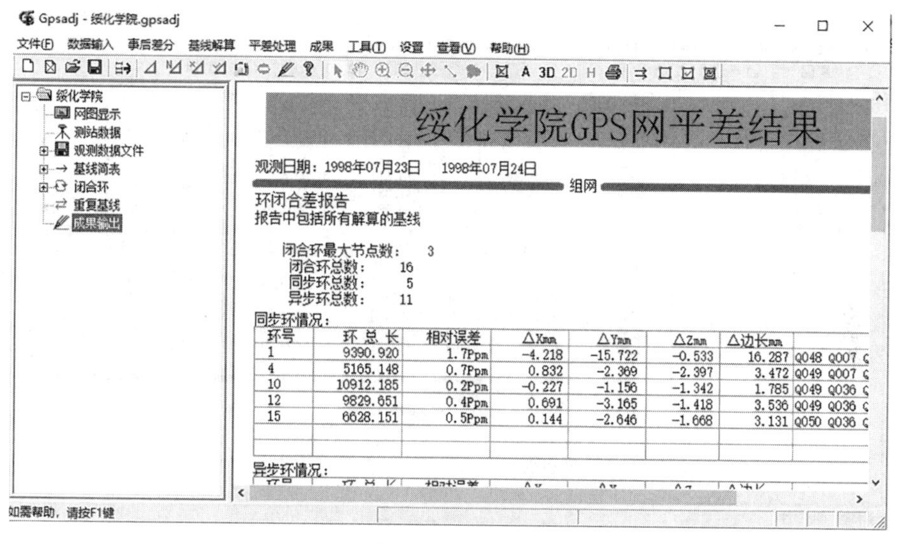

环号	环总长	相对误差	ΔXmm	ΔYmm	ΔZmm	Δ边长mm	
1	9390.920	1.7Ppm	-4.218	-15.722	-0.533	16.287	Q048 Q007
4	5165.148	0.7Ppm	0.832	-2.369	-2.397	3.472	Q049 Q007
10	10912.185	0.2Ppm	-0.227	-1.156	-1.342	1.785	Q049 Q036
12	9829.651	0.4Ppm	0.691	-3.165	-1.418	3.536	Q049 Q036
15	6628.151	0.5Ppm	0.144	-2.646	-1.668	3.131	Q050 Q036

图 89　自动处理

第二步：三维平差。进行 WGS-84 坐标系统下的自由网平差，点击菜单【平差处理】→【三维平差】后，出现三维自由网络平差结果，结果中包括控制网三维平差中误差、每条基线的三维平差结果和观测点三维平差结果，如图 90 所示。

第三步：二维平差。把已知点坐标代入网中进行整网约束二维平差，点击【平差处理】→【二维平差】，出现如图 91 所示结果。

第四步：高程拟合。根据“平差参数设置”中高程拟合方案，对观测点高程进行拟合，点击菜单中【平差处理】→【高程拟合】，结果如图 92 所示，结果中显示的是高程拟合参数、内符合精度中误差和拟合后的高程。

6）成果输出

解算完成后可以查看成果报告，点击【成果输出】，如图 93 所示。

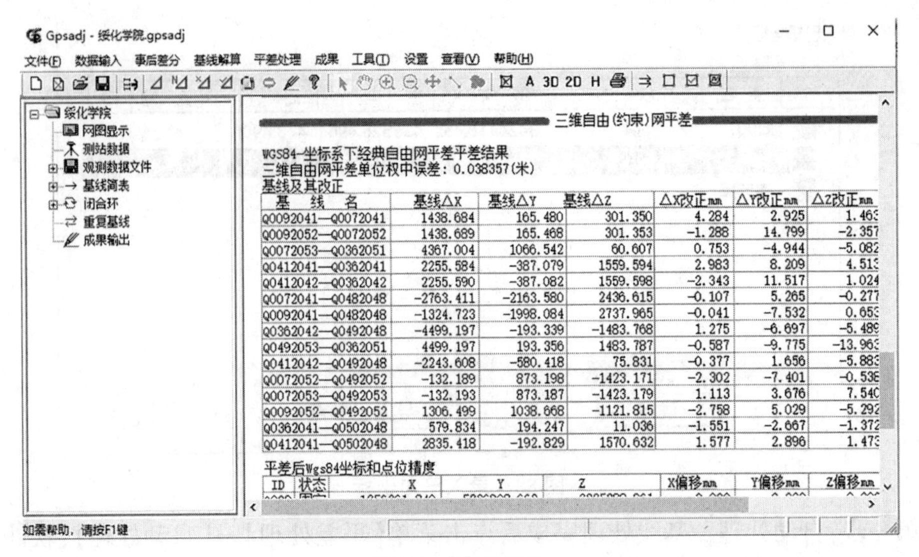

图 90　三维平差

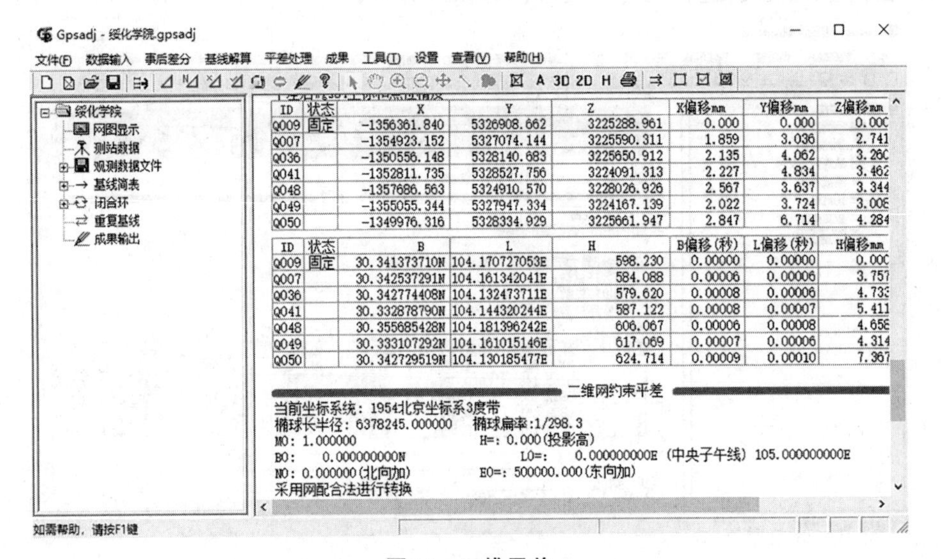

图 91　二维平差

在成果菜单栏可以对输出成果的内容进行设置，也可输出文本文档。

四、注意事项

(1)外业观测时，仪器要严格对中、整平，观测时间要满足要求。

(2)平差过程中，录入已知点坐标要认真，如果误差过大，则无法进行二维平差。

(3)在闭合环检查过程中，如果出现闭合差超限的情况，首先要检查网的解算等级和实际布网是否有冲突，剔除粗差基线，然后重新解算。

(4)高度截止角设置的原则。当卫星数量较多时，适当加大高度截止角，屏蔽低空卫星数据参与解算，当卫星数量不多时，减小高度截止角，以便更多的卫星数据参与解算。

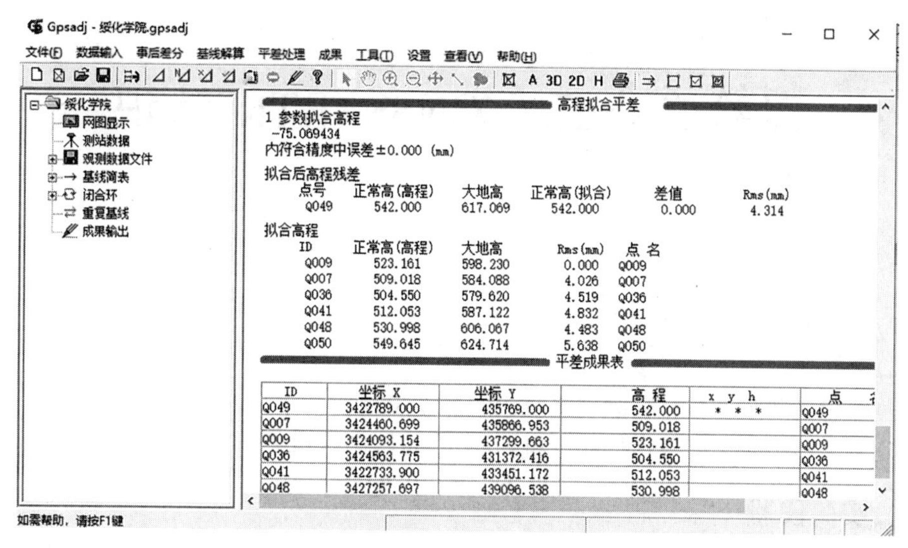

图 92　高程拟合平差

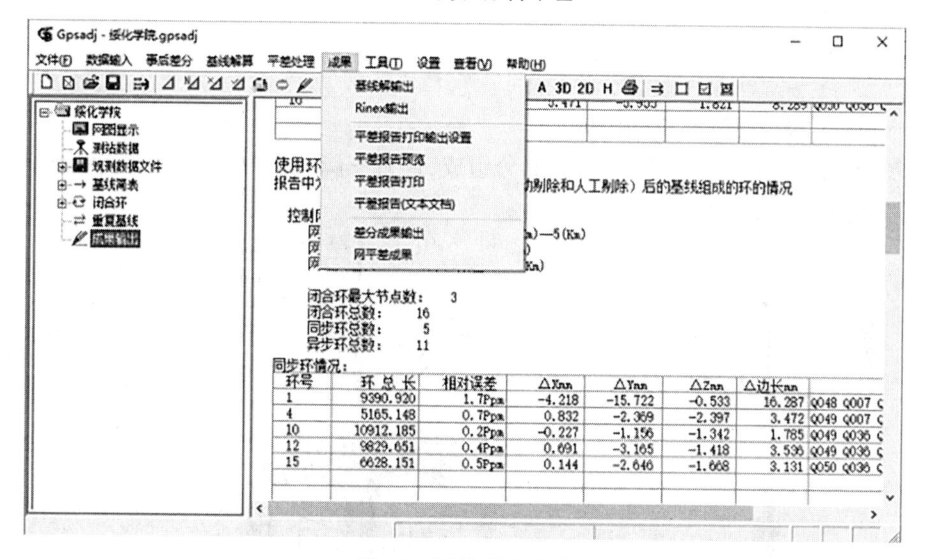

图 93　平差成果输出

实验二十三　GNSS-RTK 认识

一、实验目的

(1)认识 RTK 的部件及组成。

(2)掌握各种部件的连接。

(3)掌握启动基准站和移动站接收机的操作步骤。

(4)学会利用手簿蓝牙连接接收机,并对接收机进行相关设置。

二、实验仪器

南方灵锐 S86 接收机 1 套,三脚架 1 个。

三、实验步骤

(一)认识 S86 测量系统的组成

该系统由两台接收机和手簿三大部分组成,还有三脚架、对中杆、基座、手簿托架和发射天线等辅助工具,具体如图 94 所示。

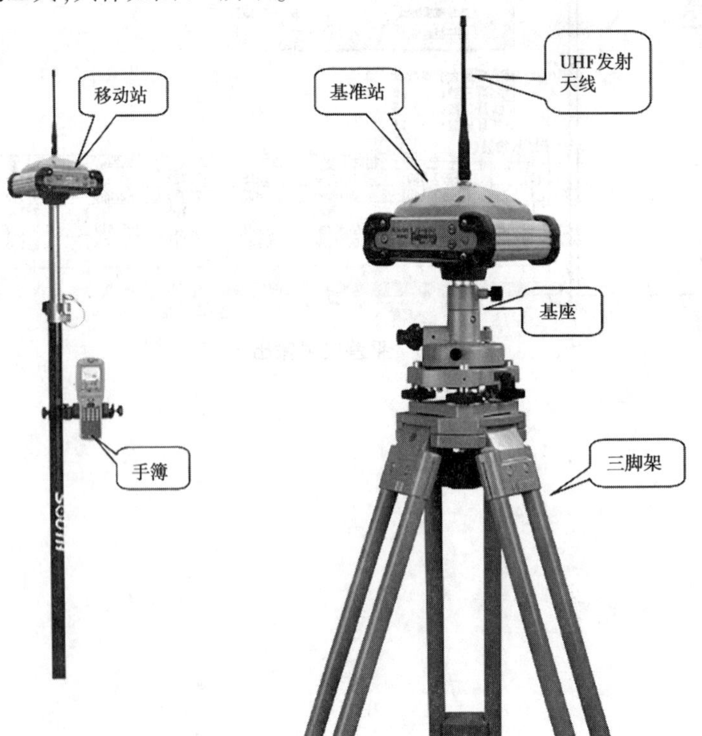

图 94　S86 RTK 测量系统组成

(二)设备安装

打开机箱,拿出接收机,分别将接收机按图 94 所示连接在对中杆或脚架上。

(三)接收机设置

(1)设置工作模式。RTK 由两台接收机组成,其中架设在对中杆上的为移动站,架设在脚架上的应设置为基准站。长按接收机电源键,开机后按 F2 键进入模式设置,如图 95(b)所示,按电源确定后进入工作模式选择页面,从左往右 4 个图标的含义分别是静态观测模式、基准站模式、移动站模式和退出,按 F1 键选择后按电源键确认,将两台接收机分别设置成移动站工作模式和基准站工作模式。

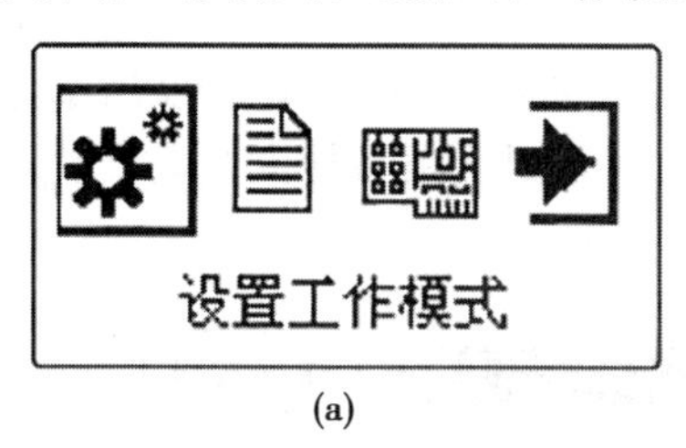

(a)

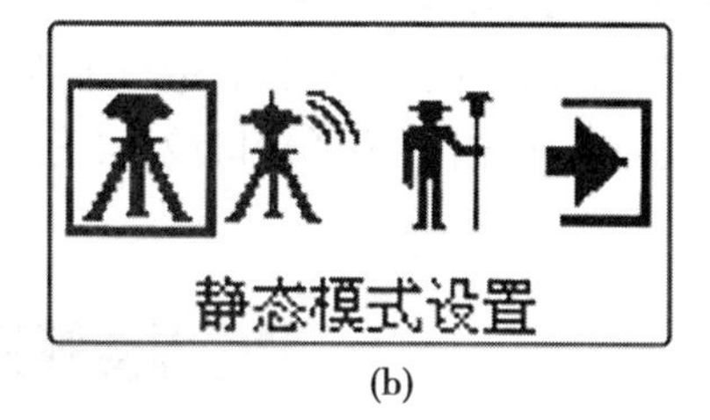

(b)

图 95　接收机设置工作模式

(2)设置数据链。RTK 数据传输通过内置电台、外置电台和 GPRS 网络 3 种模式,S86 RTK 测量系统自带内置电台,因此可以直接选择内置电台传输模式,移动站和基准站电台通道要相同。以基准站为例,开机后短按电源键,进入基准站设置模式,如图 96 所示,4 个图标从左往右分别为设置数据链、基准站工作模式设置、设置工作模式(设定基准站、移动站和静态观测模式)和关闭接收机。

图 96　基准站设置

选择第一个图标后按电源键确认,进入数据链设置模式,如图 97(a)所示,共有 4 种传输方式,从左到右分别为 GPRS 网络、内置电台、双发射和外接模块(外置电台),本例中选择第二项,内置电台后按电源键确认,进入内置电台设置页面,如图 97(b)所示,在该页面上可以对通道和电台功率进行设置,注意电台通道和功率,基准站和移动站要一致。

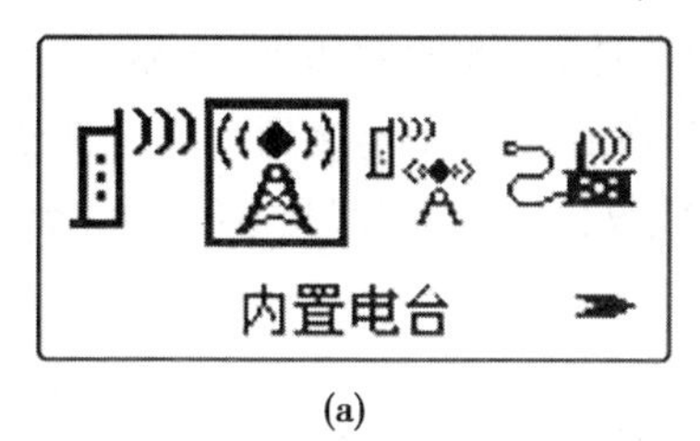

(a)

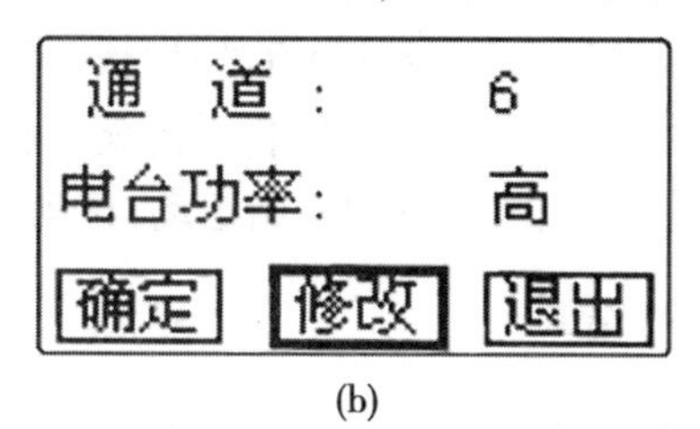

(b)

图 97　数据链与内置电台设置

(3)基准站模式设置。设置完数据链传输模式后,返回基准站模式设置,按电源键,进入基准站模式设置界面,如图 98 所示,图 98(a)中需要对差分格式、高度截止角进行设置,主要基准站和移动站设置参数要相同。

以上是以基准站为例进行说明,移动站设置的操作方法与基准站相同。

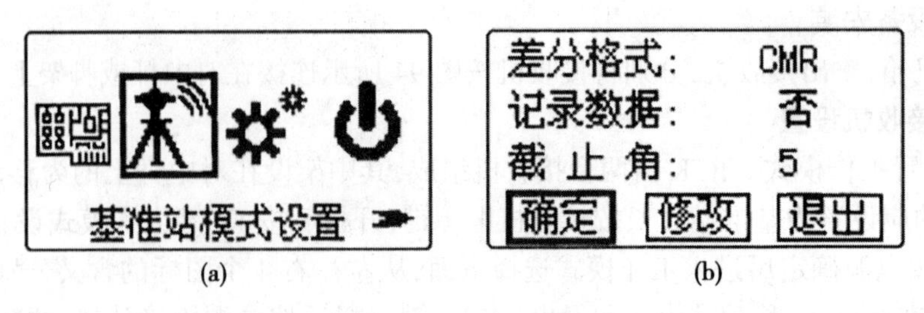

图 98　基准站设置

(四)手簿蓝牙连接移动站

打开手簿,双击工程之星图标,运行工程之星,进入主界面,如图 99 所示,点击配置图标,进入配置菜单界面,再选择端口设置(见图 100),进入设备搜索及端口设置界面,如图 101 所示。

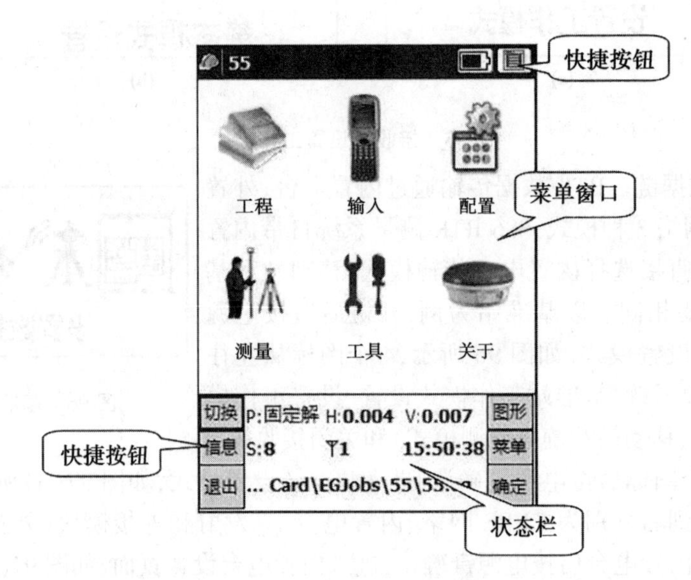

图 99　工程之星主界面

点击【搜索】,手簿会对附近的蓝牙设备进行搜索,搜索完毕后,在显示框中点击移动站的主机机身号,然后点【连接】,手簿就与移动站通过蓝牙连接到一起。判断标准:在状态栏中,有数据,左侧的时间开始走动,移动站接收机上的蓝牙灯(BT 灯)也会闪亮。

四、注意事项

(1)仪器应安置在室外空旷的地方,尽量远离高大的建筑物,不能在树荫下。

(2)确保仪器电池电量充足,以满足实验需要。

(3)RTK 比较精密,实验时要轻拿轻放,防止跌落。

(4)在设置参数时,要按指导教师的要求进行,不要随意设置。

(5)在安置天线时,长的为"UHF"差分天线,用于常规 RTK 模式,短的为"网络天线",用于 CORS 模式。

图 100 配置菜单

图 101 设备搜索

(6)注意接收机各种数据传输接口的作用,两针的是电源接口,用于为接收机电源充电,五针的是电台接口,用来连接基准站外置发射电台,七针的是数据接口,用于连接电脑传输数据。

实验二十四　GNSS-RTK 测量与放样

一、实验目的

(1)掌握使用 RTK 进行外业测量的步骤。

(2)掌握 RTK 测量过程中坐标校正的方法。

(3)学会使用 RTK 进行控制测量和常规测量。

(4)掌握使用 RTK 进行点位放样的方法。

二、实验仪器

南方灵锐 S86 接收机 1 套,三脚架 1 个。

三、实验步骤

(一)安置仪器

打开机箱,拿出接收机,分别将接收机按图 94 所示连接在对中杆或脚架上。

(二)新建工程

打开手簿,运行工程之星 3.0 软件,在配置模块中将手簿与移动站连接,然后点击【工程】,选择【新建工程】,出现新建作业界面,在工程命名内输入所建立的工程文件名称,系统默认保持在指定的路径下(见图 102、图 103)。点击【确定】后,进入参数设置向导,如图 104 所示,可以对坐标系、天线高、存储、显示和其他 5 个选项进行设置。

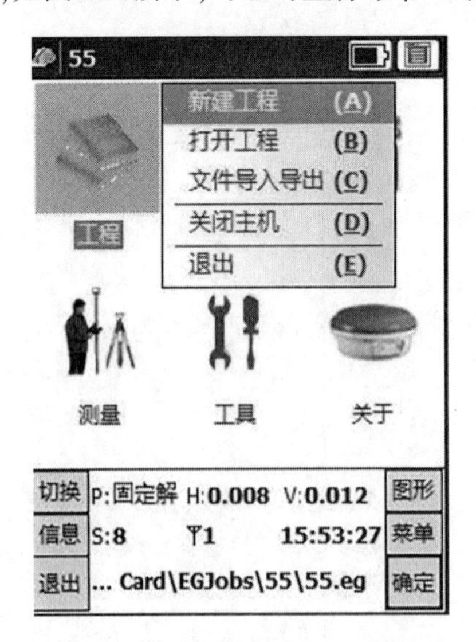

图 102　工程菜单及新建工程

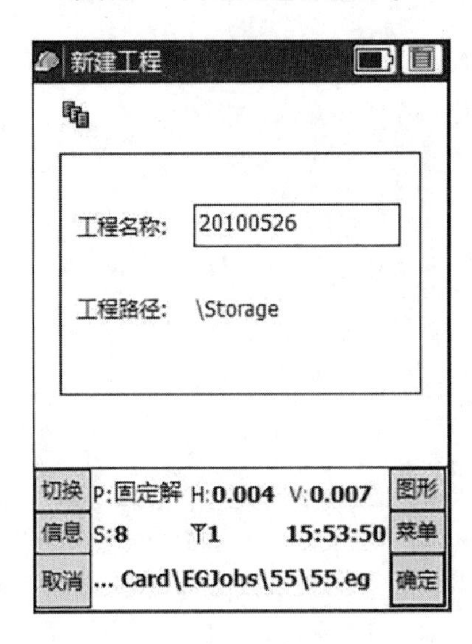

图 103　新建工程

在此对话框中需要对坐标系统和天线高进行修改,以坐标系统为例,对话框中提供下拉选项,可以在选项框中选择合适的坐标系统,也可点击下边的浏览按钮,查看所选的坐标系统的具体参数,如果没有合适的坐标系统,可以新建或编辑坐标系统,单击【编辑】按钮,出现图 105 所示对话框,再单击【增加】或【编辑】可以增加坐标系统或编辑现有的坐标系统,如图 106 所示,关于坐标系统具体参数请参考其他相关资料。

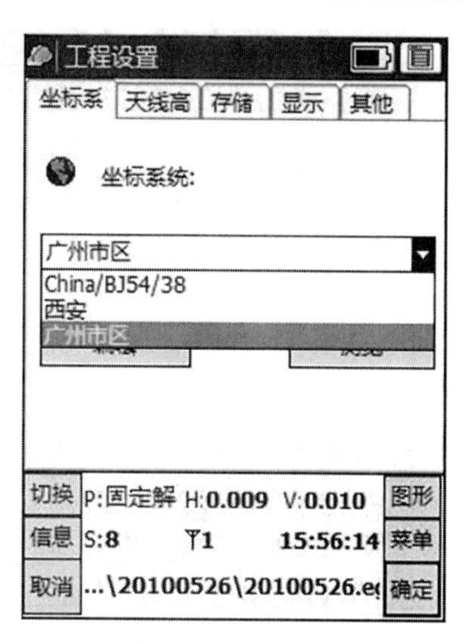

图 104　工程设置

(三)求解转换参数

GPS 接收机输出的数据是 WGS-84 经纬度坐标,需要转化为施工测量坐标,这就需要软件进行坐标转换参数的计算和设置,转换参数就是完成这一工作的主要工具。求转换参数主要是计算四参数或七参数和高程拟合参数,可以方便直观地编辑、查看、调用参与计算四参数和高程拟合参数的校正控制点。在进行四参数的计算时,至少需要两个控制点的两套坐标系坐标参与计算才能最低限度地满足控制要求。控制点等级的高低和分布直接决定了四参数的控制范围。经验上,四参数理想的控制范围一般都在 20~30 km^2 以内。以四参数转换为例,具体操作步骤为:点击【输入】→【求转换参数】,出现图 107 所示页面。

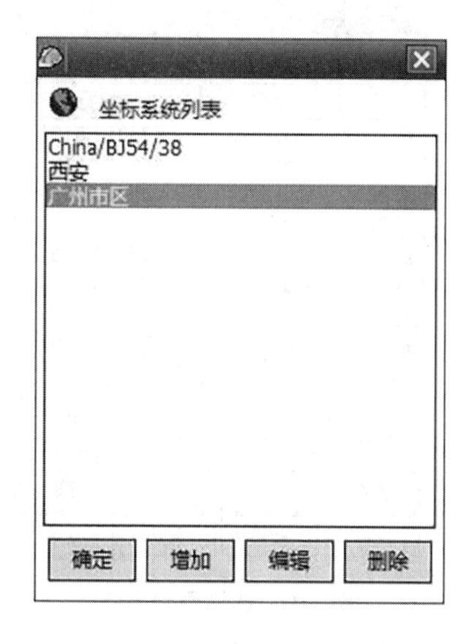

图 105　坐标系统选择

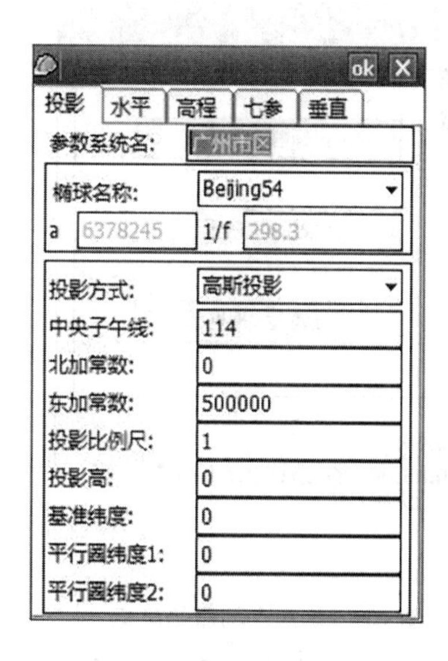

图 106　坐标系统修改

点击【增加】,出现控制点已知平面坐标,如图 108 所示。

控制点已知平面坐标的输入方式有两种:一种是从坐标管理库中选择已经录入的控制点坐标,另一种是直接输入控制点已知坐标,输入完成后点击右上角的【OK】或【确定】

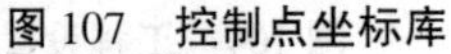
图 107　控制点坐标库

图 108　输入已知点坐标

键,进入图 109 所示界面。

控制点的原始坐标输入有三种方式,分别为从坐标管理库选点,读取当前点坐标和直接输入大地坐标,其中第一种最简单,单击【从坐标管理库选点】出现对话框,如图 110 所示,在列表中选择与第一个控制点对应的原始坐标,点击【确定】,出现图 111 所示对话框。

图 109　增加点的原始坐标

图 110　选择原始坐标

在图 111 上点击确认后,第一个点增加完成,返回到图 112 所示界面。一般平面转化最少需要 2 个点,高程转化最少需要 3 个点,在图 112 界面上点击【增加】,重复上述步骤,再增加 1 ~ 2 个点,使控制点数量满足坐标转换要求。

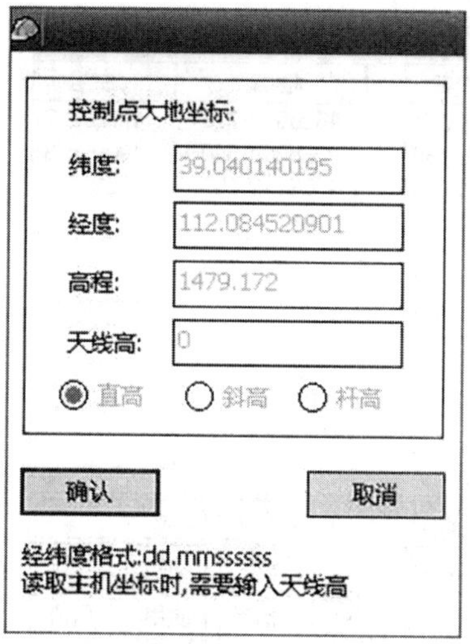

控制点大地坐标:
纬度:
39.040140195
经度:
112.084520901
高程:
1479.172
天线高:
0
直高
斜高
杆高
确认
取消
经纬度格式:dd.mmssssss
读取主机坐标时,需要输入天线高

图 111　增加原始坐标结果

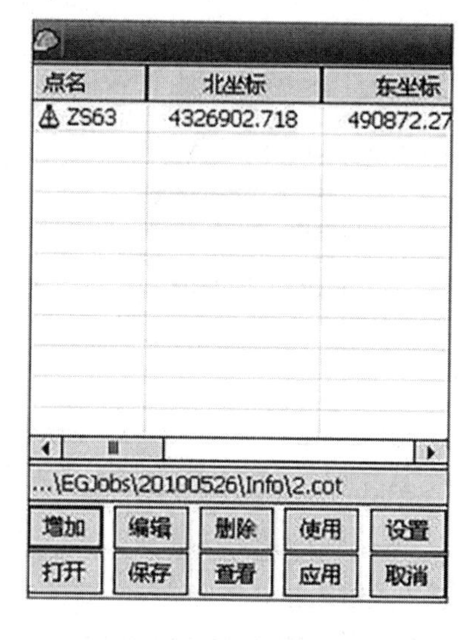

点名
北坐标
东坐标
ZS63
4326902.718
490872.27
...\EGJobs\20100526\Info\2.cot
增加
编辑
删除
使用
设置
打开
保存
查看
应用
取消

图 112　控制点增加结果

所有的控制点都输入以后,向右拖动滚动条查看水平精度和高程精度,如图 113 所示。

待精度检查合格后,单击【保存】,系统会生成一个扩展名为 *.cot 的控制点参数文件,保存在当前工程路径的 InFo 文件夹里,如图 114 所示。

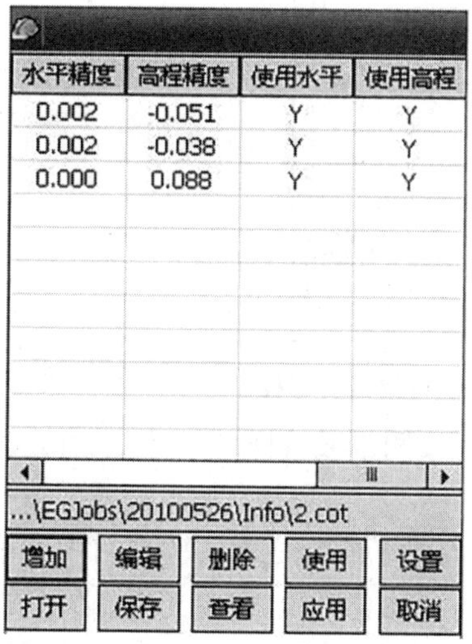

水平精度
高程精度
使用水平
使用高程
0.002
-0.051
Y
Y
0.002
-0.038
Y
Y
0.000
0.088
Y
Y
...\EGJobs\20100526\Info\2.cot
增加
编辑
删除
使用
设置
打开
保存
查看
应用
取消

图 113　控制点精度检查

ok
文件类型:
*.cot
\Storage Card\EGJobs\20100526\Info\3.c
\Storage Card
EGJobs
0527
20100526
Config
Data
Info
2.cot
Temp
20100527
55
EGrtk
EGStar
文件名:
3

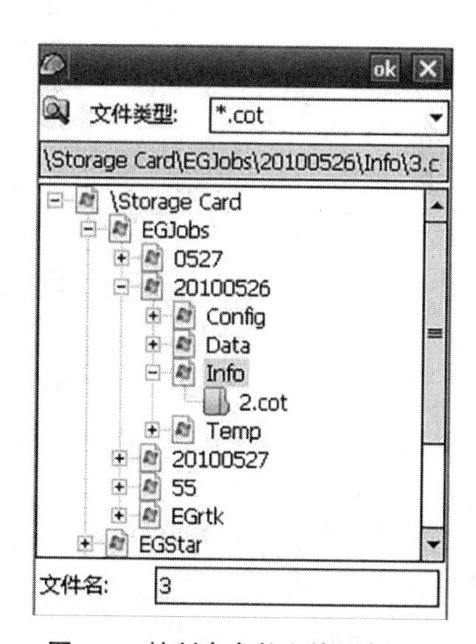

图 114　控制点参数文件保存路径

单击图 114 右上角的【OK】,四参数已经计算并保存完毕。完成后出现如图 115 所示界面。点击图 115 中的【查看】,出现四参数计算结果,如图 116 所示。此时单击右下角的【应用】,出现图 117 所示界面,点击【Yes】,即将求出的坐标参数赋值给当前工程。这里如果单击右上角的“×”,表示计算了四参数,但是在工程中不使用四参数。

图 115　控制点参数文件保存结果

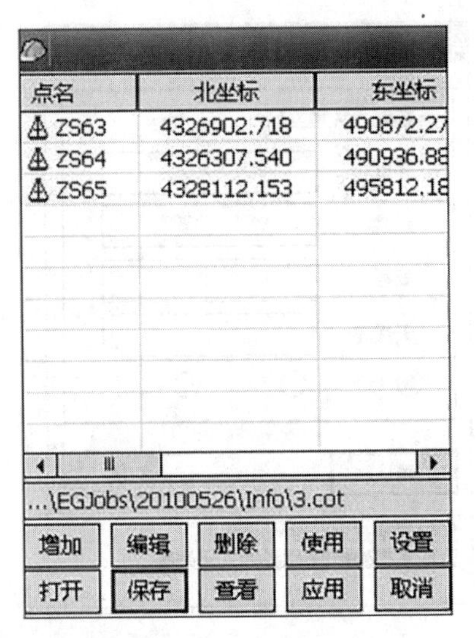

图 116　四参数计算结果

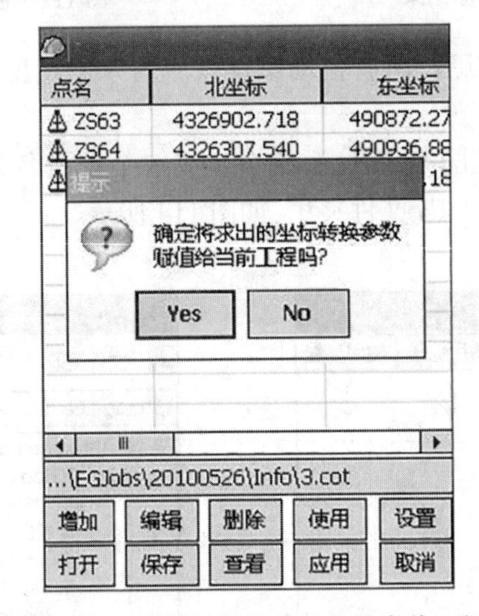

图 117　四参数计算结果赋值给当前工程

到此为止,转换参数求解完成,可以进行下一步测量或放样。

(四)校正向导

校正向导需要在已经打开转换参数的基础上进行,在完成本实验项目中的第三步后,进行数据点采集,但时间已经到中午,测量人员需要休息,仪器需要充电,必须关机把仪器收回住处进行充电,下午继续测量时可以使用校正向导以简化求转换参数的过程,校正向导产生的参数实际上是使用一个公共点计算两个不同坐标的“三参数”,在软件里称为校正参数。校正向导有两种途径:基准站架设在已知点上和架设在未知点上。

(1)基准站架设在已知点上。把基准站架设到已知点上,严格对中、整平,然后在工程之星主界面上点击【输入】→【校正向导】(见图 118),在出现的对话框上选择基准站架设在已知点(见图 119),点击【下一步】,出现图 120 所示对话框,在对话框中需要输入已知点的三维坐标、天线高等信息,输入完毕后点击右下角的【校正】,系统会提示是否校正，并且显示相关帮助信息，如图 121 所示，检查无误后点击【确认】，校正完毕，可以进行测量工作。

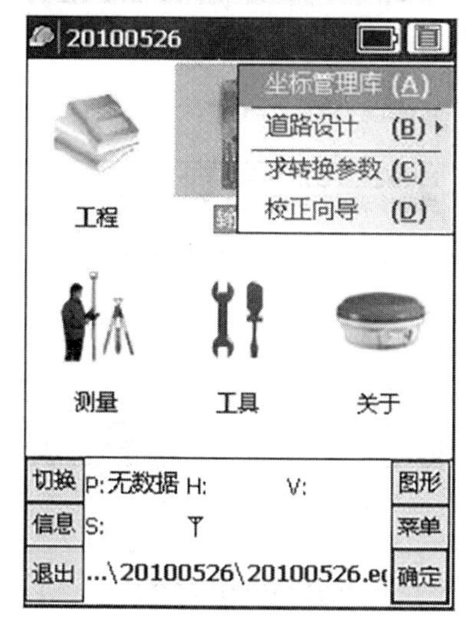

图 118　输入菜单——校正向导

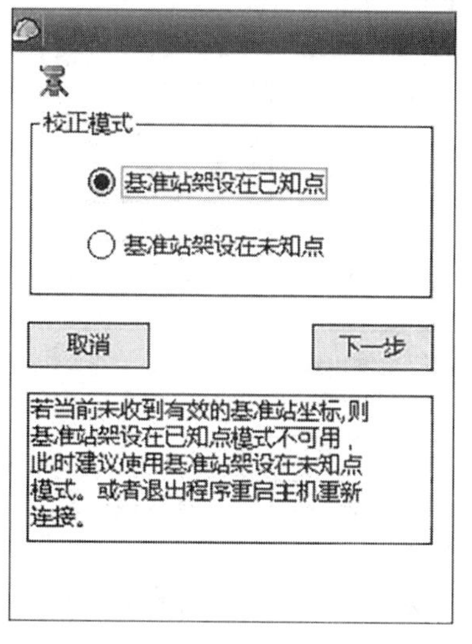

图 119　校正向导——基准站架设在已知点

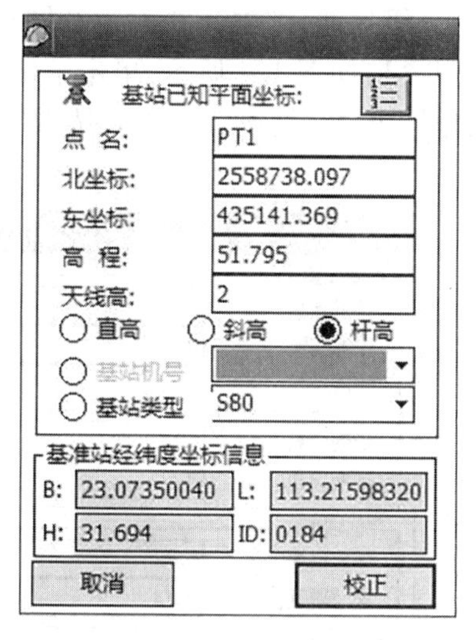

图 120　控制点坐标输入

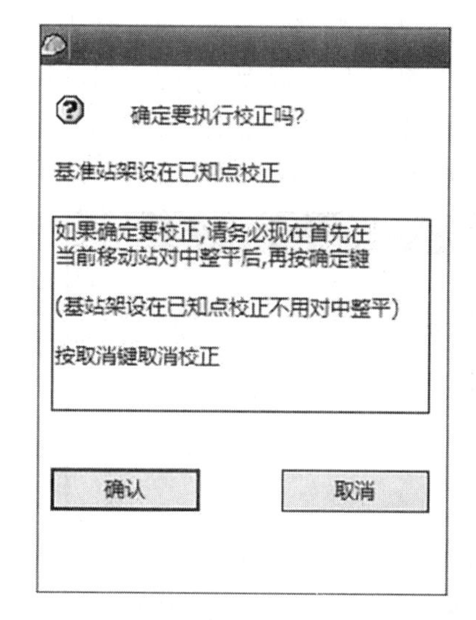

图 121　确认校正

（2）基准站架设在未知点上。架设基准站和移动站，所有设备开机后，在手簿提示为固定解的前提下，点击【输入】→【校正向导】，如图 119 所示，此时需选择基准站架设到未知点后点击【下一步】，出现图 122 所示对话框。

将移动站架设到已知点上，同时在对话框中输入该点的三维坐标及天线高，点击校正，出现校正确认对话框，如图 123 所示，在点击【确认】之前，一定要确保移动站对中杆精确架设在已知点上，同时保证对中杆上的圆水准器气泡居中，并保持稳定，最好使用撑杆作为支撑，上述条件达到后，点击【确认】键，完成校正，可以进行后续测量。

至于选择哪种校正方式，可根据现场测量条件及测量人员的经验来决定，总体来说，基准站架设在已知点上的校正精度要比架设在未知点上的精度高，但由于需要对中、整平,操作起来稍麻烦些。

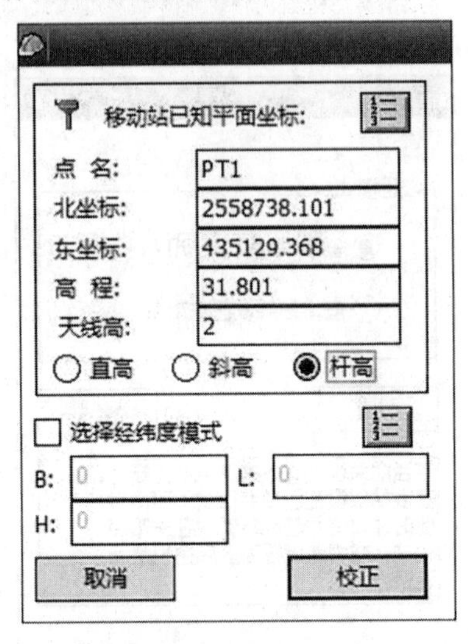

图 122　移动站控制坐标输入

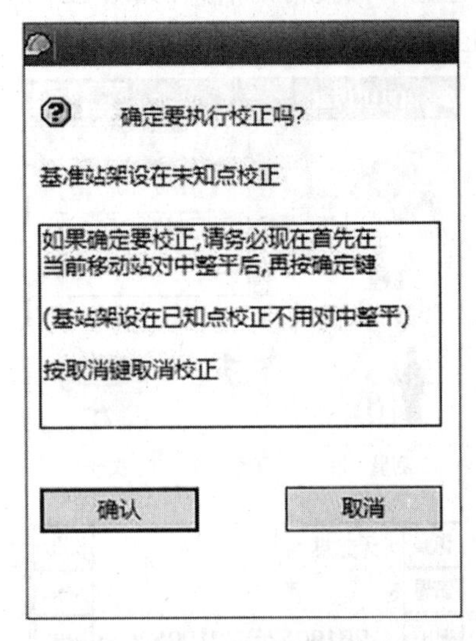

图 123　校正确认

(五)点测量

(1)控制点测量。目前 RTK 技术可应用于一、二级导线、图根导线测量和图根高程测量,在工程之星主界面上点击【测量】→【控制点测量】,如图 124 所示,单击下侧的【设置】选项,可以对控制点测量进行相关参数设置,如图 125 所示,设置完成后按数字键 1,可以开始控制点测量,如图 126 所示。

图 124　控制点测量

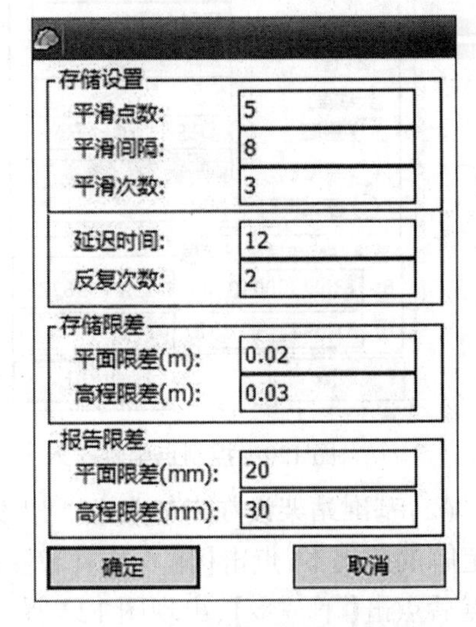

图 125　控制点测量的设置

(2)点测量,在工程之星主界面上点击【测量】→【点测量】,进入碎部点测量界面,见图 127,按数字键 1,进入点存储界面,见图 128,在此可以修改点名、天线高等信息,按右上角的【OK】键,确认存储,完成一个点的采集,关于点号,在第一个修改完成后,后续点号会自动加 1。采集多个点位以后连续按两次数字键 2,可以查看所有测量结果,见图 129。

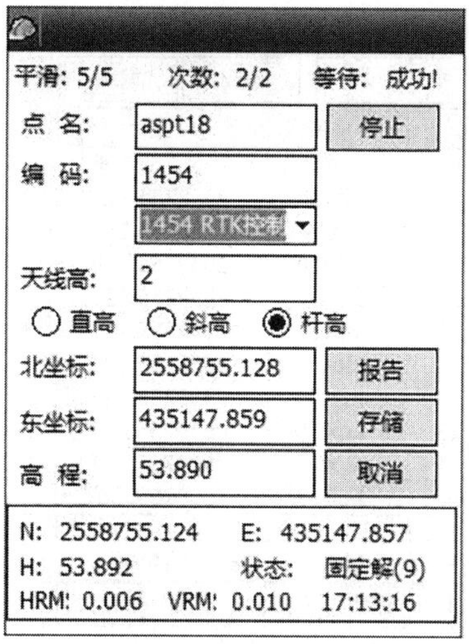

图 126　控制点测量结果

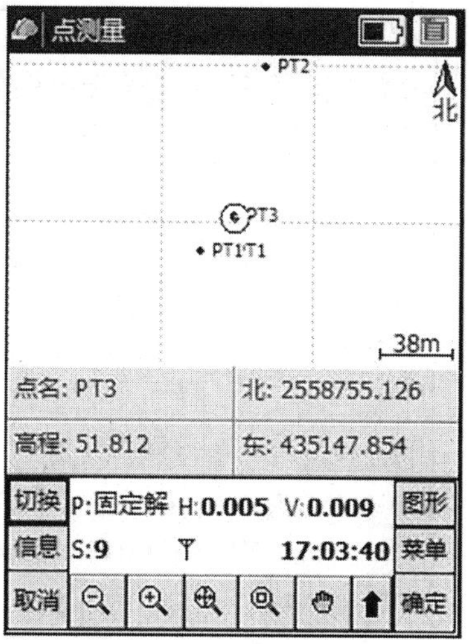

图 127　点测量

图 128　测量点存储

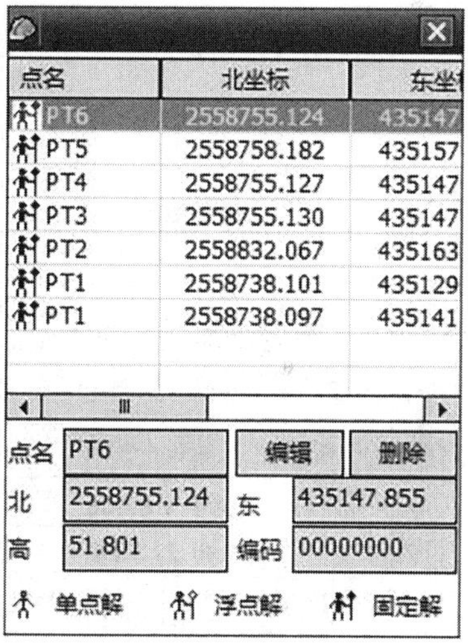

图 129　测量结果查看

(六)点放样

点击【测量】→【点放样】,进入放样测量界面,见图 130,点击【目标】按钮,打开放样点坐标库,如图 131 所示。

在坐标管理库中直接选取坐标后点击【确定】进入放样指示界面,如果坐标管理库中没有预放样的坐标,可以点击下侧的【增加】按钮,直接输入要放样的坐标,确定后同样进入放样指示界面,如图 132 所示,放样界面显示了当前点与放样点之间的距离为 1.857 m,向北 1.773 m,向东 0.551 m,根据提示进行移动放样。在放样过程中,当前点移动到离目标点 1 m 的距离以内时(提示范围的距离可以点击【选项】按钮进入点放样选项里面对相关参数进行设置),软件会进入局部精确放样界面,同时软件会给控制器发出声音提示指令,控制器会有“嘟”的一声长鸣音提示,点击【选项】按钮出现如图 133 所示点放样选项界面,可以根据需要选择或输入相关的参数。

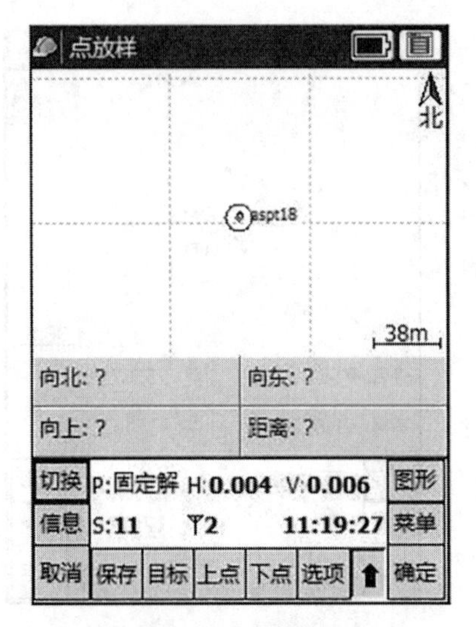

图 130 点放样界面

图 131 从坐标管理库中选取放样点坐标

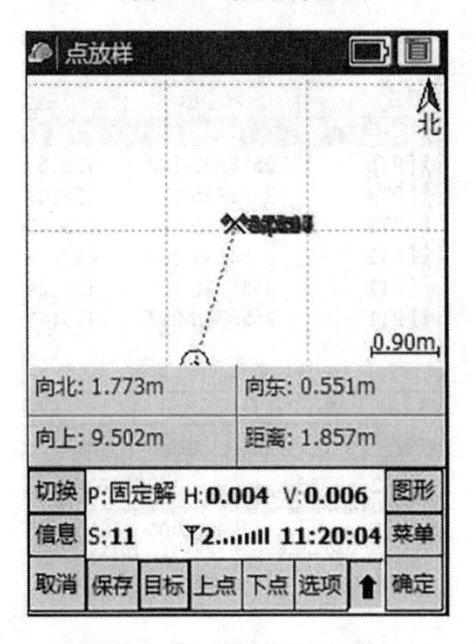

图 132 点放样指示界面

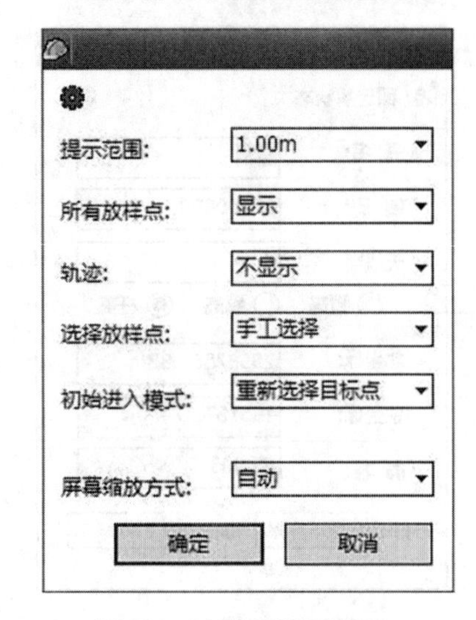

图 133 点放样选项界面

四、注意事项

(1)所有操作都要在“固定解”的状态下操作才有效。

(2)坐标系统设置时,要注意当地中央子午线的经度。

(3)要熟悉手簿上一些快捷键的使用,熟悉手簿键盘。

(4)移动站采点时要确保对中杆上的圆水准器气泡居中,特别是控制点测量时,为了保持移动站的稳定,最好使用撑杆。

(5)测量过程中要随时观测手簿状态,如果出现“单点解”或“差分解”,应立即停止测量,找出原因,待手簿为固定解时再进行测量。

实验二十五　数字地形图绘制

一、实验目的

(1)了解 CASS 软件常用的数据格式,掌握坐标数据文件(* . dat)的生成、处理方法。
(2)了解 CASS 软件的基本功能。
(3)掌握地物的绘制方法。
(4)掌握地形图绘制及修整的方法。
(5)掌握图形整饰的基本操作方法。

二、仪器设备

计算机 1 台、CASS 10. 1 软件一套、Excel 软件。

三、实验步骤

(一)CASS 软件常见的数据格式认识

CASS 软件常见的数据格式有坐标数据文件、编码引导文件、权属引导文件、断面里程文件、公路曲线要素文件等几种类型,跟地形图绘制相关的主要有坐标数据文件、编码引导文件,下面对这两种数据文件进行详细说明。

(1)坐标数据文件。该文件是 CASS 最基础的数据文件,扩展名是“. dat”,无论是从全站仪传输到计算机还是用 RTK 的手簿在野外直接记录数据,都生成一个坐标数据文件,但不同品牌仪器所导出的坐标数据文件略有差异。CASS 坐标文件的标准形式如图 134 所示。

从图 134 可以看出,CASS 标准坐标数据文件的编码格式为:

1 点点名,1 点编码,1 点 *Y*(东)坐标,1 点 *X*(北)坐标,1 点高程:

⋮

N 点点名,*N* 点编码,*N* 点 *Y*(东)坐标,*N* 点 *X*(北)坐标,*N* 点高程

文件内每一行代表一个点,每个点的坐标顺序为先 *Y*(东)坐标,后 *X*(北)坐标,最后高程,所有的单位均是“米”,编码内不能含有逗号,即使编码为空,其后的逗号也不能省略,所有的逗号不能在全角方式下输入。

(2)编码引导文件。编码引导文件是用户根据草图编辑生成的,文件的每一行描绘一个地物,如图 135 所示。

从图 136 可以看出,编码引导文件的格式为:Code,N1,N2,…,Nn,E。

其中:Code 为该地物的地物代码;Nn 为构成该地物的第 *n* 点的点号,需要注意的是:N1、N2、…、Nn 的排列顺序应与实际顺序一致。每行描述一地物,最后一行只有一个字母 E,为文件结束标志。引导文件必须和坐标数据文件共同使用,才能画出一幅完成的图

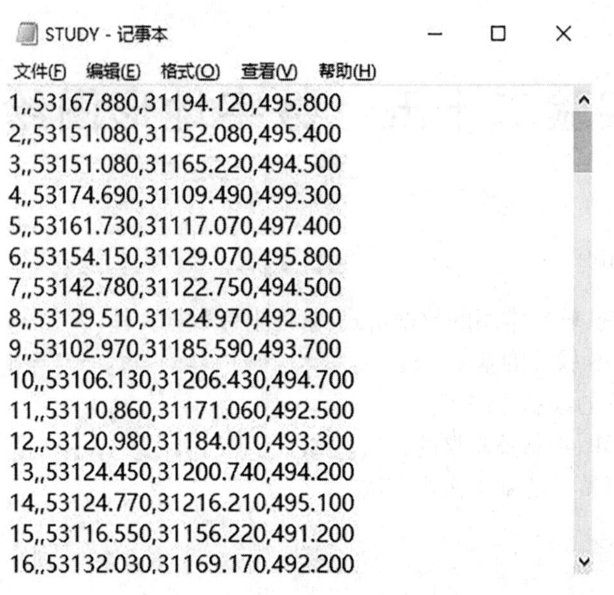

图 134　CASS 坐标数据文件内容

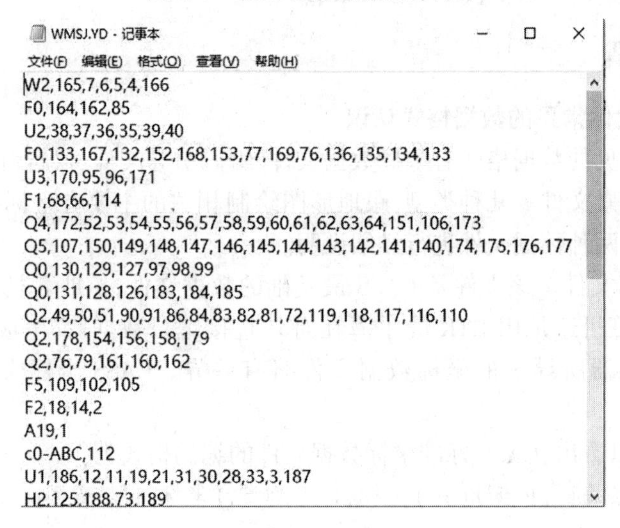

图 135　编码引导文件

形。

(二).dat 文件编辑

不同品牌的仪器，导出的.dat 文件格式略有不同，可能无法在 CASS 中展点，因此需要对从测绘仪器导出的.dat 文件进行整理，生成 CASS 软件要求的标准.dat 文件。如图 136 所示，该数据为从某品牌 RTK 手簿导出的数据，从图中可以看出，该数据信息含量非常大，既有坐标信息，也有时间及其他信息，虽然文件扩展名也是.dat，但无法直接在 CASS 软件中展点，需要利用其他软件（Excel）进行处理。

将上述文件修改成标准的 CASS 坐标数据文件的过程如下：

(1)选择该文件。鼠标右键选择打开方式，在出现的对话框中选择用【打开方式】→【记事本】"，或者右键后直接选择【打开方式】→【记事本】，如图 137 所示。

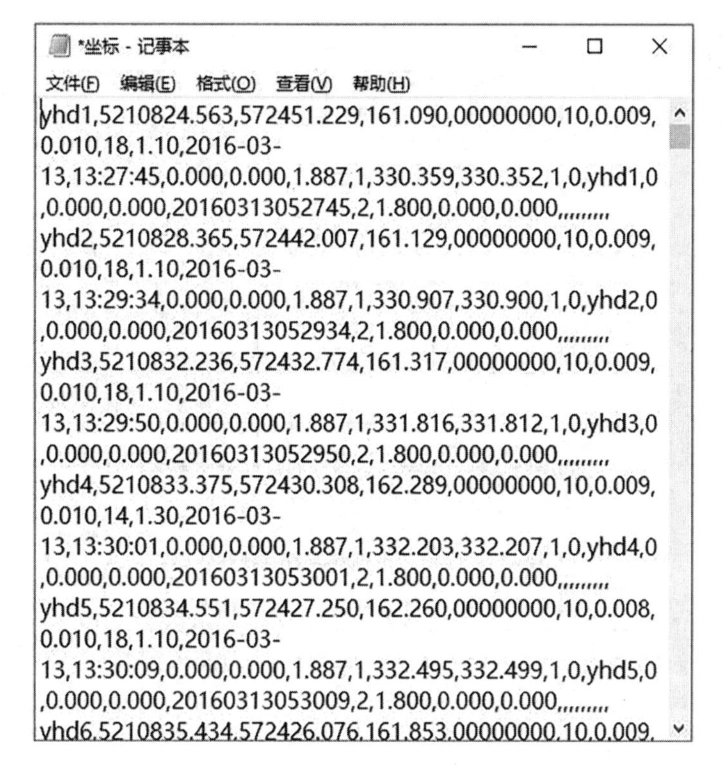

图 136　RTK 导出的原始测量数据

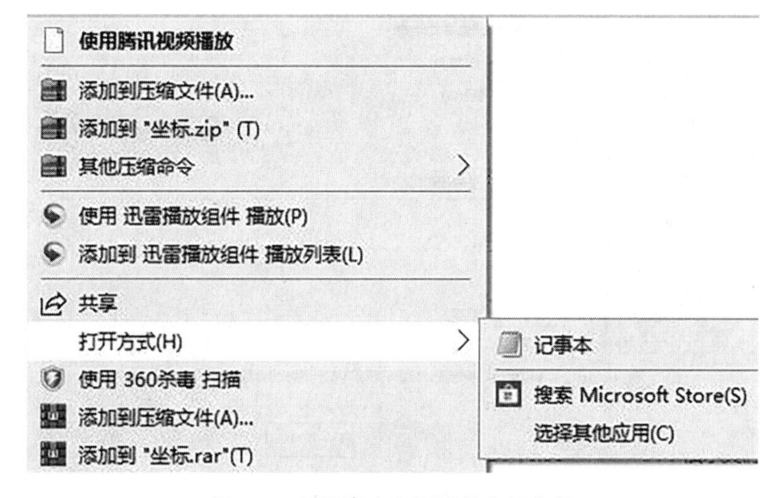

图 137　用记事本打开原始坐标文件

(2)将原始坐标文件导入 Excel 中,方法有两种:第一种是复制粘贴,新建一个 Excel 文件并打开,窗口切换到坐标数据文件,将坐标数据文件全部选择后复制,返回到 Excel 中选择粘贴,将原始坐标数据文件粘贴到 Excel 中,如图 138 所示。

第二种方法是导入外部数据,打开 Excel 软件,在菜单中选择数据、导入数据,如图 139 所示。

在图 139 上点击【数据源选择】,出现图 140 所示对话框,找到坐标文件所存储的路径后点击右下角文件类型处,修改成【所有文件】,就可以看到【坐标】文件,如果不修改文

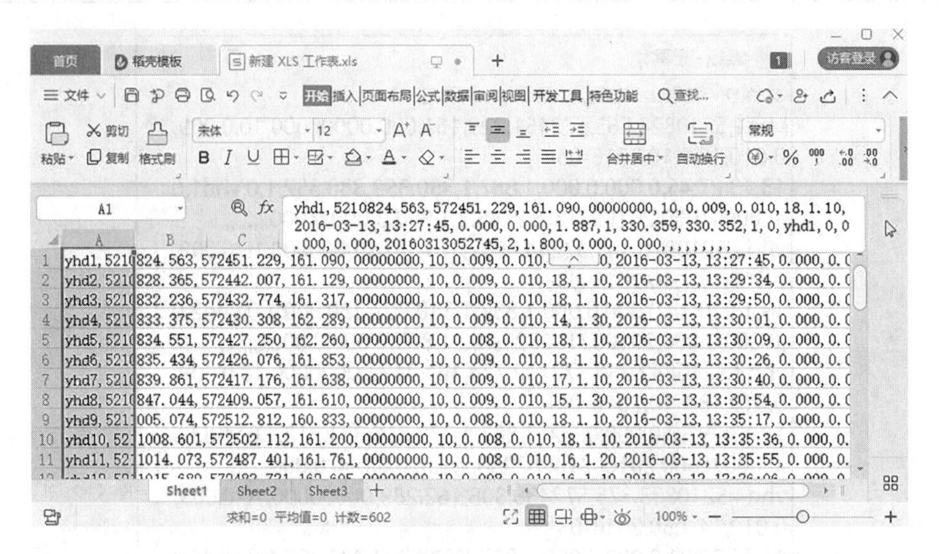

图 138 坐标数据文件粘贴至 Excel 中

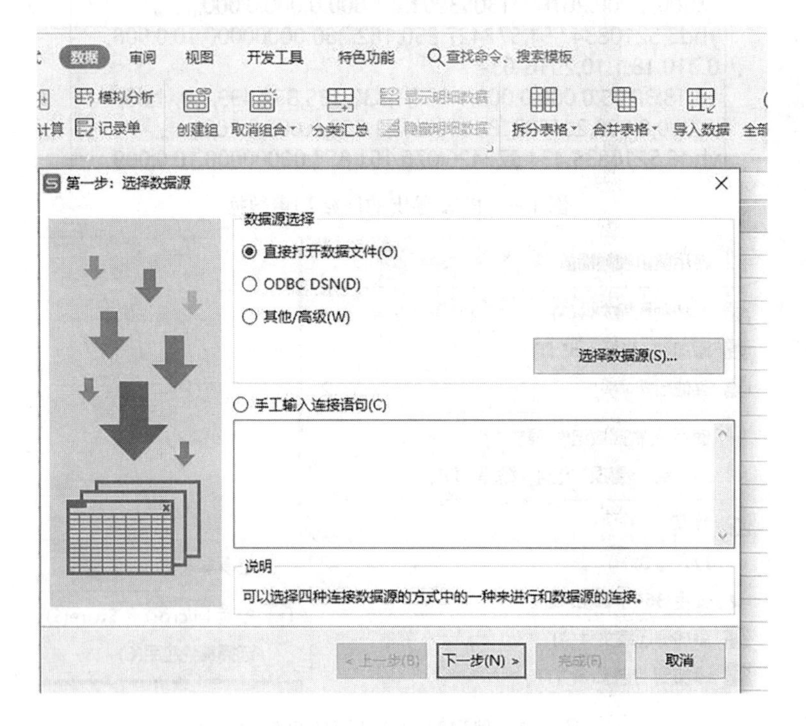

图 139 Excel 导入数据

件类型，则无法看到【坐标】文件。

打开文件后按照提示进入分列阶段，可以按图 142、图 143 步骤执行即可。

(3)将数据全部粘贴到 Excel 中后，选择最左边一列。如图 138 所示，选择 A 列，然后点击菜单中选择数据，再点击【分列】按钮，如图 141 所示。

在出现的对话框(见图 142)中选择【下一步】，在图 143 对话框中选择逗号后，直接点击【完成】。

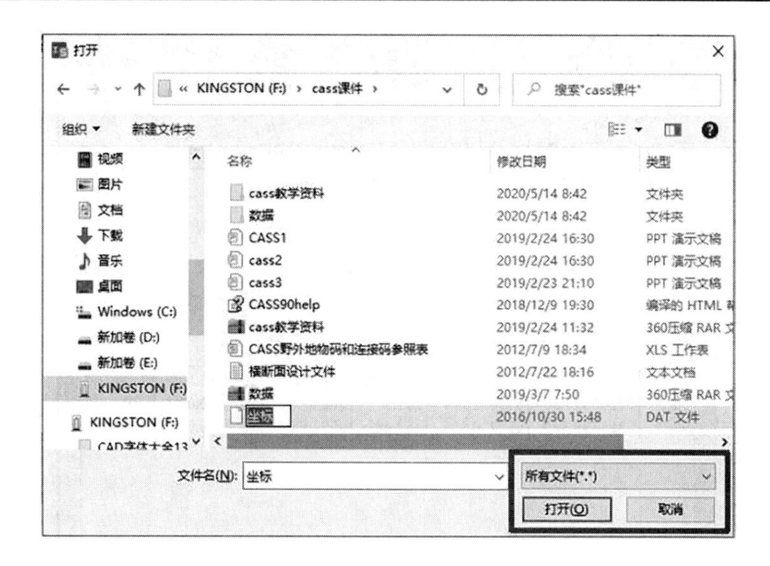

图 140　打开坐标文件

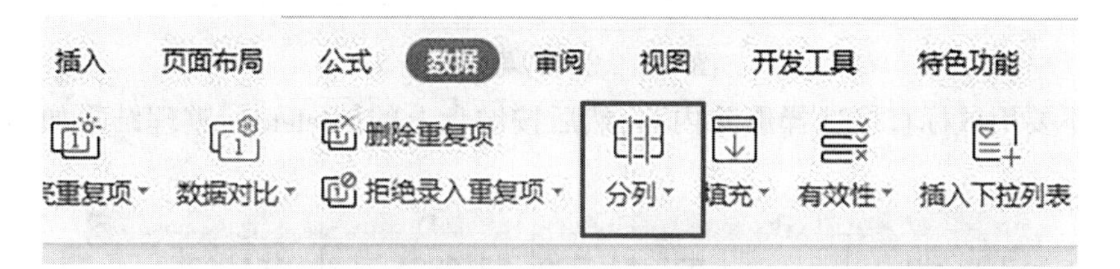

图 141　数据分列工具

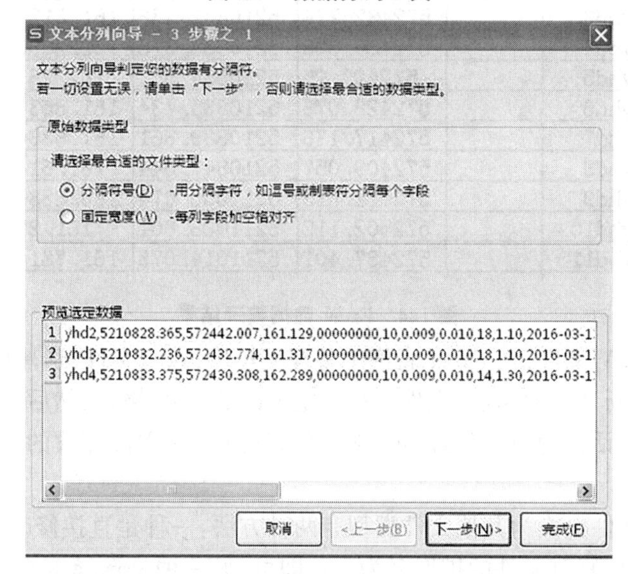

图 142　分列向导第 1 步

至此每一串字符均在一个单元格内，可以方便地删除、调整顺序和更改。具体如下：Excel 第一列为点号，第二列为空白列，第三列为东(Y)坐标，第四列为北(X)坐标，第五列为高程。注意：在删除多余的列时，要在 Excel 表格列号上选择后点击右键，然后选择

图 143　分列向导第 2 步

【删除】,不要用鼠标直接选择删除内容,然后按键盘上的【Delete】,整理结果如图 144 所示。

	A	B	C	D	E	F
1	yhd1		572451.229	5210824.563	161.09	
2	yhd2		572442.007	5210828.365	161.129	
3	yhd3		572432.774	5210832.236	161.317	
4	yhd4		572430.308	5210833.375	162.289	
5	yhd5		572427.25	5210834.551	162.26	
6	yhd6		572426.076	5210835.434	161.853	
7	yhd7		572417.176	5210839.861	161.638	
8	yhd8		572409.057	5210847.044	161.61	
9	yhd9		572512.812	5211005.074	160.833	
10	yhd10		572502.112	5211008.601	161.2	
11	yhd11		572487.401	5211014.073	161.761	

图 144　Excel 数据整理结果

(4)另存为 CSV 文件,在 Excel 表格中整理完毕后,点击文件,选择【另存为】,找好文件存放的位置,给新文件命名后,文件类型一定要改成 CSV 格式,然后单击【保存】,确定,会出现一些提示对话框,直接点击确定,文件保存完成,在文件存放的位置就会出现一个 CSV 格式的文件。

(5)将 CSV 文件更换为其他文件类型有两种方法:一种是直接修改,选择该文件右键后选择重命名,直接修改文件的扩展名为. dat 即可;另一种是选择该 CSV 文件,右键后选择用记事本打开,打开后选择【文件】→【另存为】,在出现的对话框中将文件类型修改为【所有文件】,文件名称上一定要输入全名,如 sh. dat(见图 145),单击【保存】完成. dat 文件编辑工作。

图 145 另存为 dat 文件

(三)展点

打开 CASS 软件,在菜单上选择【绘图处理】→【改变当前图形比例尺】,根据实际情况在命令输入栏里输入绘制图形的比例尺,本列默认为 1:500,回车确认。然后再次点击【绘图处理】→【展野外测点点号】,在出现的对话框中选择. dat 文件点击【确认】,屏幕上即出现了展点结果,如图 146 所示。

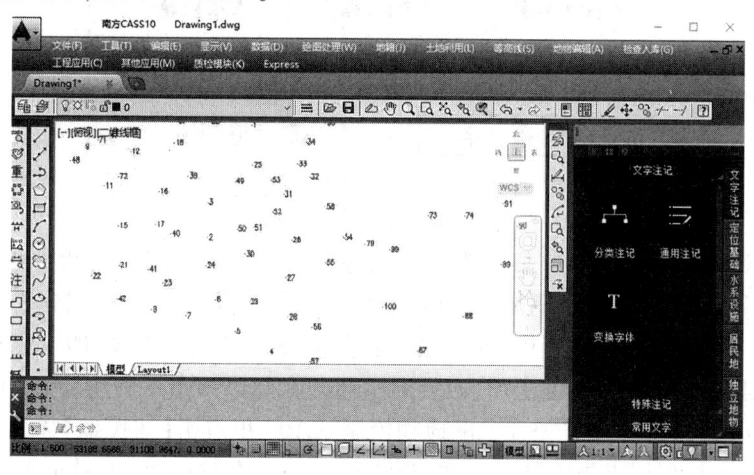

图 146 展点结果

(四)地物绘制

地物绘制工作均需要到 CASS 右侧地物绘制菜单栏寻找相应的地物绘制工具来完成,本例以几个典型地物为例进行讲解,其他具体地物绘制请参照相关文献。

(1)平行高速公路绘制,选择右侧地物菜单的【交通设施/城际公路】按钮,在下拉图标中选择【平行高速公路】,在启用捕捉的前提下依次点击 92、45、46、13、47、48 点,结束输入后会提示是否拟合,在命令提示行中输入“Y”,折线变成圆滑曲线,这时注意观察命令提示行,绘制高速公路的方法有两种,一种是边点式、另一种是边宽式,本例中选择边点式,回车后用鼠标点击 19 号点,系统自动绘制出与刚才所绘线段的平行线,高速公路绘制工作完成。

在地图上往往根据路的走向对道路进行路名标注,在标注前,利用 PL 命令绘制一条多段线,多段线位置大体在高速公路的中间,且基本上与两条线平行。点击右侧地物绘制菜单栏,选择【文字注记】→【通用注记】,出现图 147 所示对话框,输入路名,选择交通设施、屈曲字列后点击【确定】,命令提示行提示选择多段线,用鼠标点击刚才绘制的多段线,文字标注完成,删除绘制的多段线,高速公路标注工作完成。

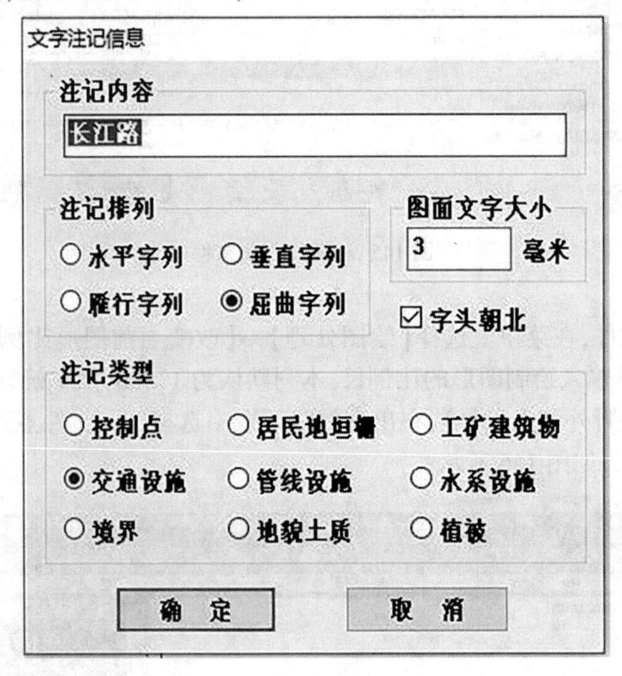

图 147　道路标注设置

(2)居民地绘制,居民地主要的类型为房屋,房屋的种类比较多,软件中分为一般房屋、普通房屋、特殊房屋、房屋附属、支柱墩和垣栅 6 大类,每个大类还细分为不同的小类,如一般房屋中还分为多点一般房屋、四点一般房屋、多点混凝土房屋、四点混凝土房屋、多点砖房屋、四点砖房屋、多点混房屋、四点混房屋。在此以多点一般房屋和四点一般房屋为例讲解居民地的绘制,在 CASS 右侧地物绘制菜单栏里点击【居民地】→【一般房屋】→【多点一般房屋】,根据事先绘制的草图,逐点点击鼠标左键即可,但对于有拐角的房屋,在测量时如没有测全,逐点连接后房子的形状与实际明显不符(见图 148)。

从图 148 中可以看出,点号 63 处与实际明显不符,因为此处空间难以利用,可能是在点号 62、63、64 处少测了两个点,CASS 软件提供了隔点绘制的功能,当鼠标点击完 62 号点后不要直接点击 63 号点,先输入命令“J”,回车后再点 63 号点,然后输入命令“J”,回车后点 64 号点,所有点都按顺序点完后输入闭合命令“C”,完成多点一般房屋的绘制,如图 149 所示。

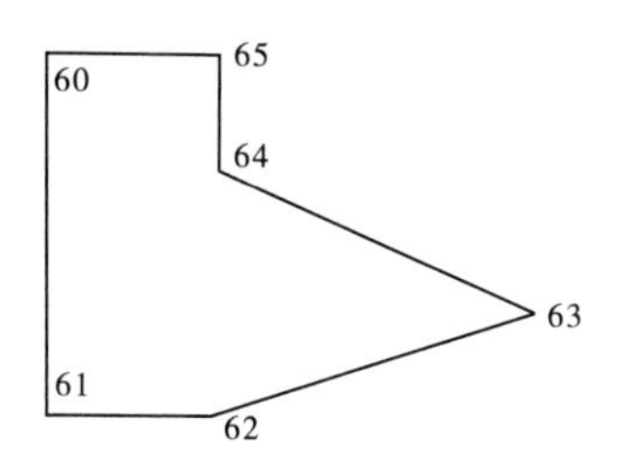

图 148　多点一般房屋的错误画法

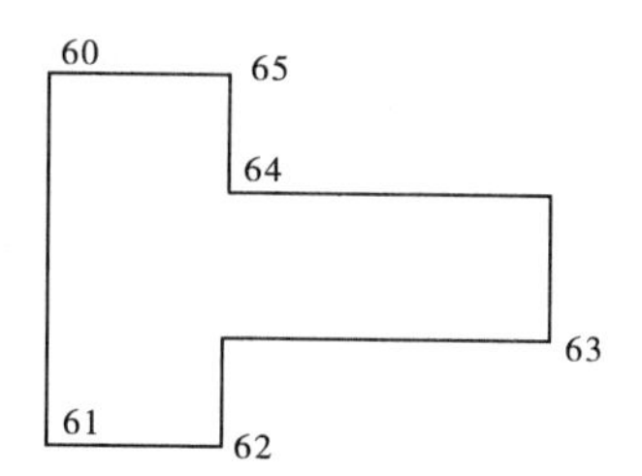

图 149　多点一般房屋绘制完成

在 CASS 右侧地物绘制菜单栏里点击【居民地】→【一般房屋】→【四点一般房屋】,进入四点房的绘制命令,此时命令提示行提示"1. 已知三点/2. 已知两点及宽度/3. 已知两点及对面一点/4. 已知四点<3>:",说明四点房屋的测量和绘制的方法有 4 种,我们可以选择其中的一种,如已知三点,在命令行中输入"1"并按回车,用鼠标按顺序点击三个点完成四点房的绘制,注意测量与选点顺序,顺序不同则导致房屋的位置不同,如图 150 所示,这种情况是按照点号从小到大的顺序取点绘制房屋。如果在绘制中我们先选 3 号点,再选 39 号点,最后选 16 号点,所得到房屋与图 150 就不一致,如图 151 所示。因此,在绘制四点房屋时一定要按照点的顺序或严格对照草图进行。

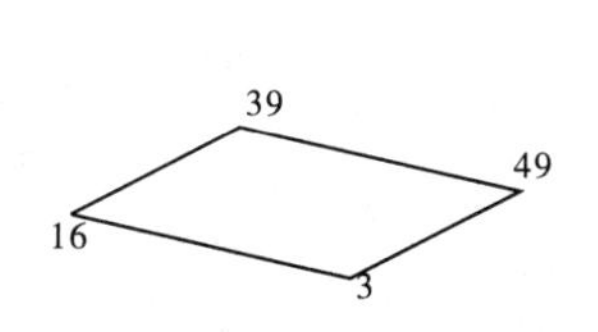

图 150　四点房屋绘制

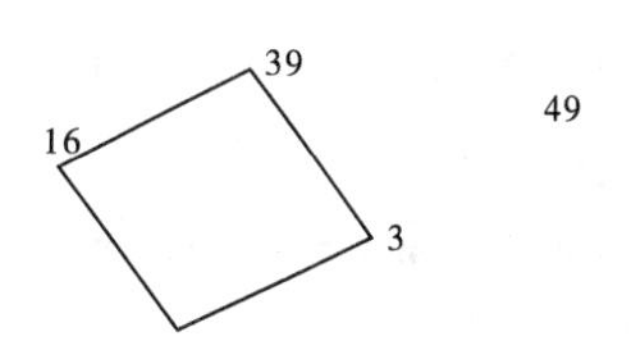

图 151　四点房屋绘制

(3)菜地、林地、耕地等地物绘制。在 CASS 右侧地物绘制菜单栏里点击【居民地】→【植被土质】→【耕地】→【旱地】,命令提示会提示:"[(1)绘制区域边界/(2)绘出单个符号/(3)封闭区域内部点/(4)选择边界线]<1>",绘制区域边界是指绘制耕地的边界线,绘出单个符号是指绘出耕地的单个点状符号,封闭区域内部点是指耕地的边界线用多段线已经绘制出来,此时只需要在边界线内部任意位置点一下即可完成耕地绘制,选择边界线同第 3 项,即耕地的边界线用多段线已经绘制出来,此时只需选择已经存在的边界线即可完成耕地绘制。以绘制区域边界线为例,逐点点击鼠标左键,最后一点点击完后输入闭合命令"C",按回车,命令行提示是否保留边界,选择【保留】,绘制结果如图 152 所示。

(4)独立地物绘制,独立地物绘制比较简单,只要在地物绘制菜单栏里找到相应的独立地物,然后到绘图区域找到相应的点号点击鼠标左键即可。

(5)其他地物绘制,如输电线路、围墙、陡坎等请参照 CASS 帮助文件或其他材料,在此不再详细说明。

(五)等高线绘制与修剪

在 CASS 软件中,等高线由计算机自动绘制,生成的等高线不仅光滑,而且精度较高、

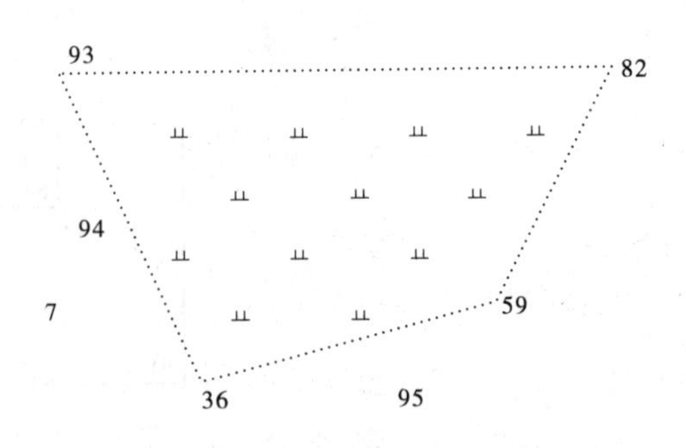

图 152　耕地绘制结果

速度快。绘制数字地形图时，通常在绘制平面图完成后，再绘制等高线，以便等高线修剪，绘制等高线的步骤如下：

(1)构建三角网。根据外业测量数据建立数字地面模型(DTM)。在 CASS 软件菜单中选择【等高线】→【建立三角网】，软件出现如图 153 所示对话框。建立三角网的方法有两种，一种是由数据文件生成，另一种是由图面高程点生成，在此我们选择第一种，在坐标数据文件名称处输入坐标数据文件，单击【确定】，三角网建立完成，如图 154 所示。

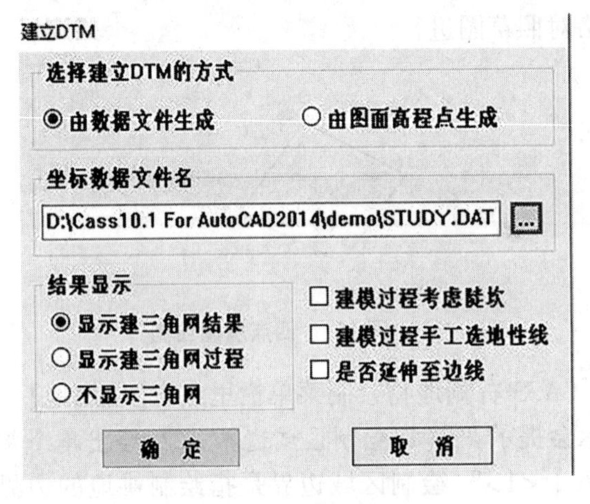

图 153　三角网建立

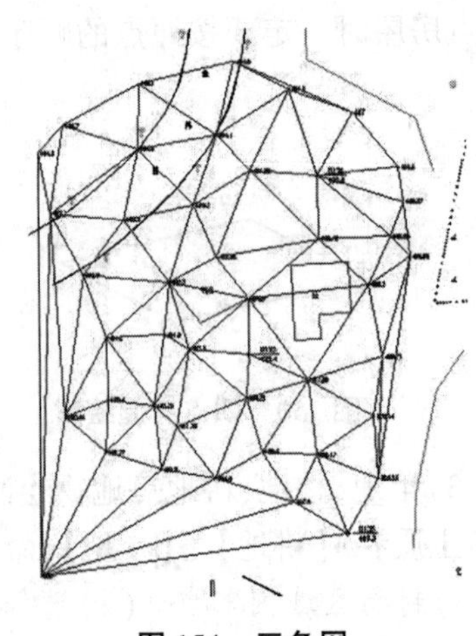

图 154　三角网

(2)修改三角网，即删除个别连接不当的三角形。

(3)绘制等高线，在 CASS 软件菜单中选择【等高线】→【绘制等高线】，出现如图 155 所示对话框，在该对话框中可以修改的是等高距、拟合方式等，修改完成后点击【确定】，等高线就绘制完成，绘制完等高线就可以删除三角网了，点击菜单【等高线】→【删三角网】，如图 156 所示。

(4)等高线修剪。按照规定，等高线不可以穿越道路、房屋，如图 156 所示，等高线穿越了高速公路，还穿越了两个房屋，需要进行修剪。修剪的方法是在菜单中选择【等高线】→【等高线修剪】(见图 157)，选择切除指定两线间的等高线，命令提示行提示选择线，分别点击高速公路的两条边线，则等高线被切断；选择切除指定区域内的等高线命令后，命令行提示选择闭合区域，鼠标左键点击闭合区域的边线，内部的等高线自动切断删除。

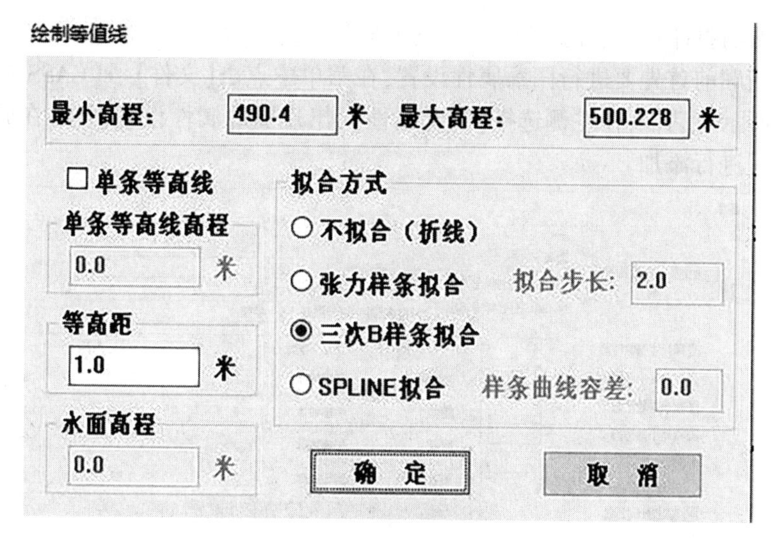

图 155　绘制等高线设置

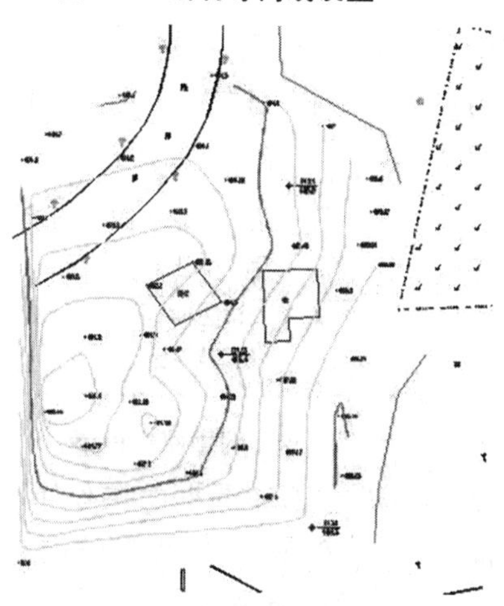

图 156　等高线绘制结果

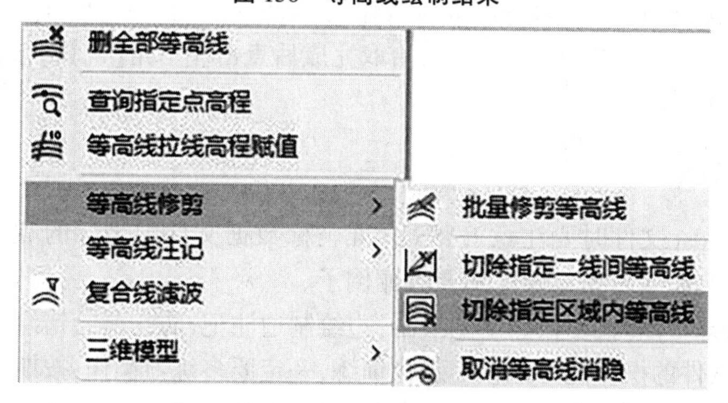

图 157　等高线修剪

(六)图幅整饰

地物绘制、等高线绘制及修剪完成后,数字地图绘制部分工作已经完成,剩下的工作就是图幅整饰与打印输出，在此重点讲述图幅整饰，即图廓的相关设置。

在添加图廓前首先要进行图廓属性设置，在菜单中点击【文件】→【CASS 参数配置】，出现图 158 所示对话框，在左侧选择【图廓属性】，出现图廓属性设置面板，在此可以对图廓的相关要素进行添加。

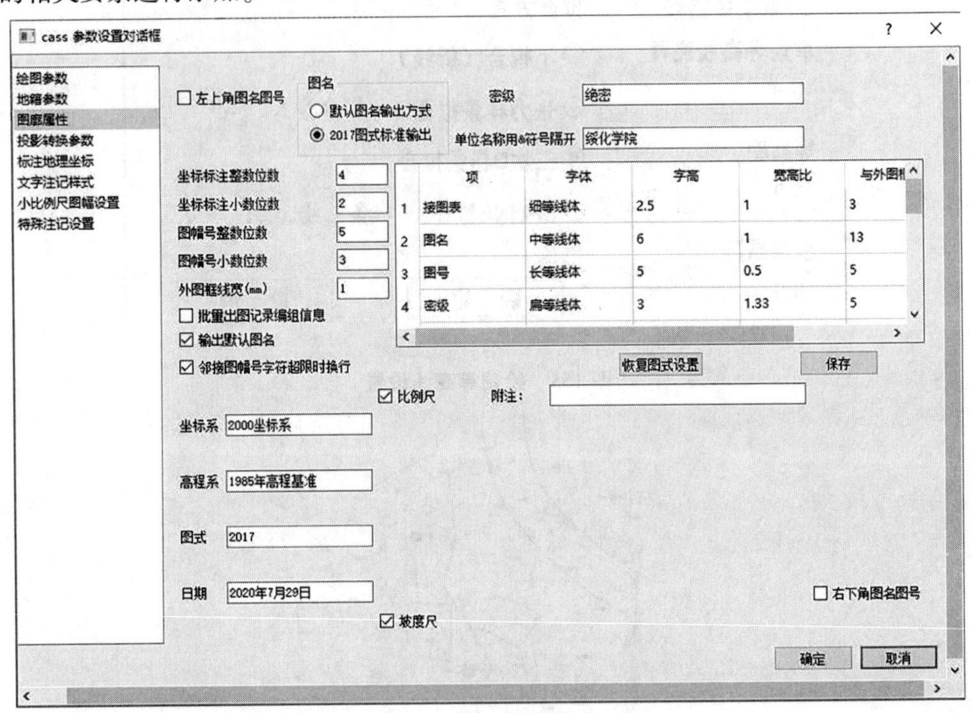

图 158　图廓属性设置

图廓属性设置好后，就可以进行添加图框的操作了，具体操作如下：在菜单中点击【绘图处理】，选择标准图幅 50 cm×40 cm，出现图幅整饰对话框，如图 159 所示，在该对话框里可以输入图名、附注（测量员、绘图员及质检员）等信息。

如果知道图幅左下角点坐标，可以直接输入；如果不知道，可用鼠标拾取的方法获取左下角点坐标，拾取前选择取整到 10 m，拾取完成后点击左下角【确认】按钮，图框添加操作完成，如图 160 所示。

四、注意事项

（1）在编辑. dat 文件时要注意 CASS 标准坐标数据文件中坐标的顺序，先是东坐标（Y），然后是北坐标（X），坐标顺序不要弄颠倒了。

（2）在编辑地形图时，要依照草图绘制，边绘制边注记，防止漏绘错绘。

（3）CASS 软件的操作能力依赖于强化训练，一定要多练习操作，按期完成任务。

（4）在绘制地形图时，要边绘制边保存，以防止电脑突然死机，造成绘图结果丢失。

（5）CASS 绘图方法有点号定位和坐标定位两种方法，可根据实际情况选择，以加快绘图速度。

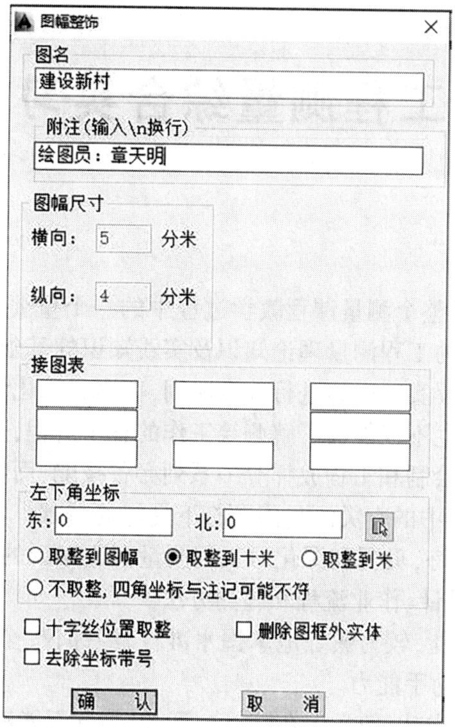

图幅整饰

图名

建设新村

附注(输入\n换行)

绘图员：章天明

图幅尺寸

横向：5 分米

纵向：4 分米

接图表

左下角坐标

东：0　北：0

○取整到图幅　◉取整到十米　○取整到米

○不取整，四角坐标与注记可能不符

□十字丝位置取整　□删除图框外实体

□去除坐标带号

确　认　　取　消

图 159　图幅整饰

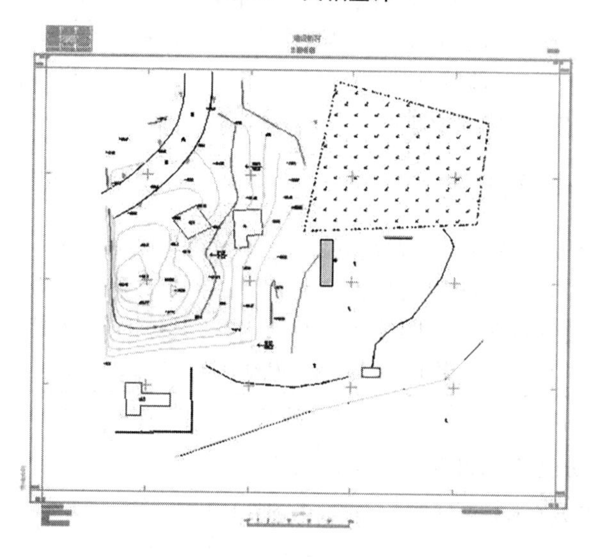

图 160　图幅整饰结果

工程测量综合实习

一、实习目的

工程测量综合实习是整个测量课程教学过程中的一个重要环节,是在课堂教学环节结束后,学生掌握了必要的工程测量理论知识及实践知识的基础上,通过在实习场地集中进行测绘操作实践,将课程实验内容进行综合应用,巩固和深化课堂所学知识的重要教学活动。通过综合实习,学生不仅能够了解测绘工作的整个过程,全面系统地掌握测量仪器的使用,施测、计算、地图绘制和工程放样等一系列必备技能,而且也能为今后从事专门的测绘工作或解决实际工程中的有关测量问题打下良好的基础。本实习目的主要有:

(1)通过实际操作训练,巩固和深化对工程测量理论知识的理解,熟悉并很好地掌握地形测量内外业的技术设计、作业流程和施测方法。

(2)提高仪器操作技能,较为熟练地掌握水准仪、经纬仪、全站仪和 GNSS-RTK 等设备的基本操作技能,提高动手能力。

(3)锻炼培养学生基本功,使学生在测、记、算、绘等方面能够得到较全面的训练。

(4)使学生认识测绘工作的科学性、艰苦性、重要性,培养其良好的专业品质和职业道德,增强个人的责任感和测绘工作者必需的团结协作精神。

(5)掌握测绘工作程序,能够根据测区情况和工程要求,初步掌握控制测量、数字测图、水准测量的工作程序和技术要求。

二、实习内容与时间分配

根据培养方案及工程测量教学大纲的要求,测量综合实习共有一周的时间,涉及实习内容有 5 项,分别为四等水准测量及高程内业计算、导线测量及内业计算、全站仪(RTK)碎部测量、圆曲线测设及数字地形图绘制等 5 项内容,具体时间分配见表 16。

表 16 综合实习内容时间分配

序号	内容	实习地点	时间分配(d)	
1	实习动员、分组、领取仪器	测量实验室	0.5	
2	四等水准测量及高程内业计算	校园内道路	1.5	
3	导线测量及内业计算	校园内道路	1.5	
4	碎部测量	校园内	0.5	
5	圆曲线测设	校园内	0.5	
6	数字地图绘制	机房	2	
7	实习总结	教室	0.5	

为了防止各组之间相互干扰，将整个校园分成若干测区，每个测区有 2 个控制点，以这两个控制点为基础，各组自行设计导线点和水准点，然后进行控制测量，控制测量完成以后，以导线点为基础，进行碎部测量，要求必须把道路、主要建筑物、绿地、广场测量出来，供后续数字地图绘制使用。

三、组织形式与纪律

（一）组织安排

（1）在测量实习期间的组织工作由主讲教师全面负责，每个班级配备一名实验教师，承担实习期间的指导工作。

（2）实习工作以小组为单位进行，每组 4~5 人，各组指定 1 名组长，全面负责本组实习工作的各项具体安排和管理。

（3）所有实习工作要在确保学生安全、仪器安全的前提下进行。

（二）纪律要求

（1）树立严肃认真的工作态度，严格执行有关测量规范。

（2）不得随意缺席实习阶段的工作，更不得相互替代工作、抄袭他人的成果，一经发现按作弊处理。

（3）要强调组织性和纪律性，组内和组间要团结合作，不得闹矛盾。

（4）爱护仪器，精心保管，对于违规操作和保管不当引起的仪器损坏或丢失，根据责任情况由个人或小组负责赔偿。

（5）实习期间，注意人身安全和仪器安全，如有特殊情况，及时向指导教师汇报。

（6）每一项测量工作完成后，要及时计算，整理成果并编写实习报告，原始数据、资料、成果应妥善保管，不得丢失。

四、上交成果与资料

（1）四等水准测量手簿及高程配赋表。

（2）导线测量记录表及计算表格。

（3）数字地图一幅。

（4）圆曲线特征点计算表。

（5）小组实习总结及个人实习报告。

（6）控制网平面图。

五、考核方式

（1）采用“实习成果+具体操作+考勤”的考核方式，所占比例分别为 40%、40%、20%。

（2）根据最终结果，将成绩评定为优秀、良好、中等、及格和不合格 5 个等级。对于违反实习纪律，缺勤天数超过实习总天数的 1/3，未提交实习成果资料、实习报告甚至抄袭、伪造成果者，均按不及格处理。

六、实习报告模板

实习报告模板如下。

绥化学院

农业与水利工程学院
工程测量实习报告

专　业 ________________

班　级 ________________

组　员 ________________

组　号 ________________

一、实习概况

(1)实习目的

(2)主要实习内容

二、实习过程记录

三、问题分析

四、实习总结

五、提交成果目录

六、实习成绩评分表

<table>
<tr><td>学生姓名</td><td></td><td>专业班级</td><td></td></tr>
<tr><td>指导教师</td><td></td><td>成绩</td><td></td></tr>
<tr><td>指导教
师评语</td><td colspan="3">指导教师签名：____________
年　　月　　日</td></tr>
</table>

典型习题

1. 如图 161 所示,各测站的前、后视读数已标明,已知 A 点的高程为 74.320 m,将其填入普通水准测量记录表(见表 17)中,计算各转点和 B 点的高程,并进行检核。

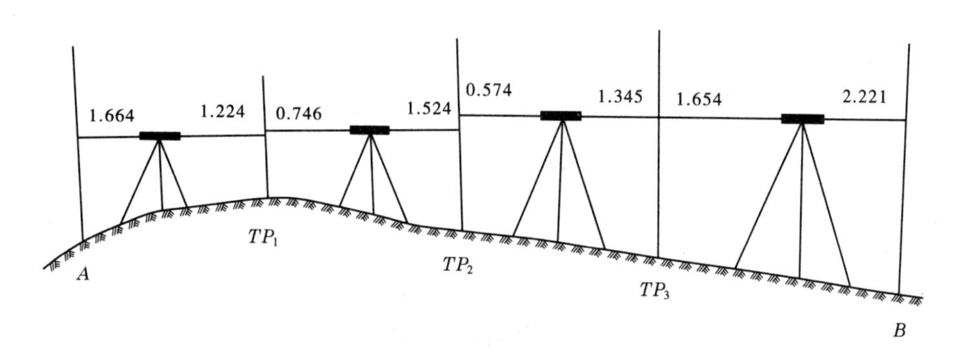

图 161　习题 1 图

表 17　普通水准测量记录表

测站	测点	水准尺读数(mm)		高差(mm)	高程(m)	备注
		后视读数	前视读数			
1						
2						
3						
4						
5						
计算检核	合计					

2. 图 162 为普通闭合水准路线，观测高差、测段长度和已知高程在图 162 中已经标出，请完成高差闭合差的调整，并推算各点的高程，填在表 18 中。

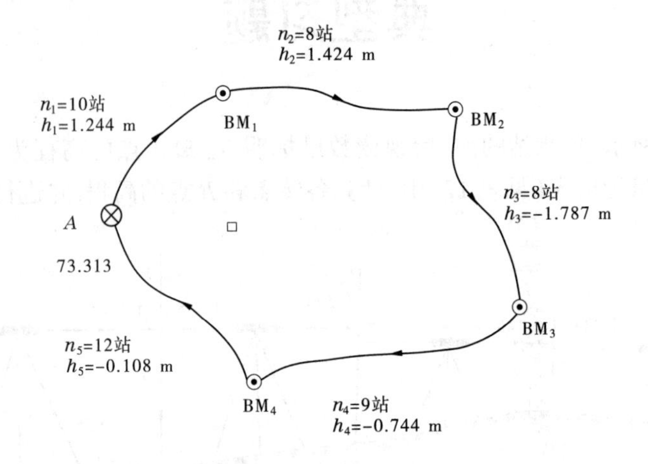

图 162　习题 2 图

表 18　高程误差配赋表

点号	测站数 n	高差（m）	改正数（mm）	改正后高差（m）	高程（m）	备注
a						
1						
2						
3						
4						
合计						
计算检核	f_h =		$f_{h允}$ =			

3. 水平角观测中，经纬仪架设在 O 点，瞄准 A(左)、B(右)两个目标观测两个测回，观测数值如下：

第一测回

盘左：A　　0°05′12″　　B　　227°48′42″

盘右：A　　180°05′24″　　B　　47°48′36″

第二测回

盘左：A　　90°02′36″　　B　　317°45′42″

盘右：A　　270°02′24″　　B　　137°45′36″

将观测结果填写在表 19 中，并完成相应计算。

表 19　水平角观测记录表

测站	测回	盘位	测点	水平角读数 (° ′ ″)	半测回角值 (° ′ ″)	一测回平均值 (° ′ ″)	各测回平均值 (° ′ ″)
		左					
		右					
		左					
		右					
		左					
		右					
		左					
		右					

4. 用经纬仪按全圆方向观测法观测水平角，观测数据如表 20 所示，根据表中数据完成相应计算，直接填写在表格中，并检查是否超限。

表 20　方向观测法水平角测量记录表

测站	测回数	目标	读数		2c=[左-(右±180°)] (″)	平均读数=1/2[左+右±180°] (° ′ ″)	归零后的方向值 (° ′ ″)	各测回归零后方向值的平均值 (° ′ ″)
			盘左 (° ′ ″)	盘右 (° ′ ″)				
01	1	A	00 02 36	180 02 48				
		B	42 26 30	222 26 36				
		C	96 43 30	276 43 36				
		D	179 50 54	359 50 48				
		A	00 20 36	180 02 42				
02	2							
		A	90 02 36	270 02 42				
		B	132 26 54	312 26 48				
		C	186 43 42	06 43 30				
		D	269 50 54	89 51 00				
		A	90 02 42	270 02 48				

5. 已知 A、B 两点的方位角 $\alpha_{AB}=75°48'$，三角形内角 $\angle ABC=53°12'$，$\angle BAC=58°36'$，如图 163 所示，求坐标方位角 α_{BA}、α_{CB}、α_{CA}、α_{BC}。

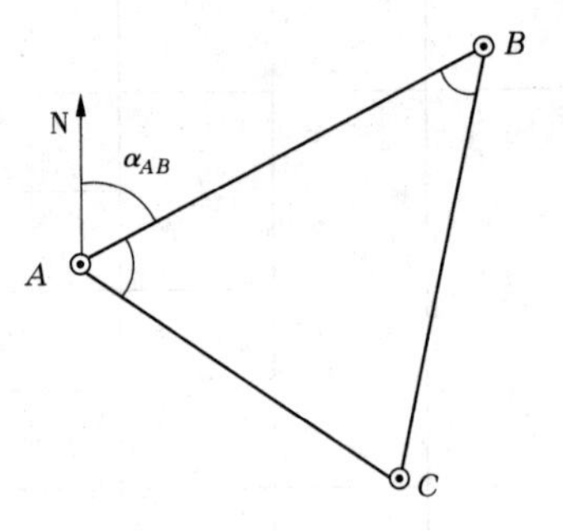

图 163　习题 5 图

6. 如图 164 所示，已知 $\alpha_{AB}=65°38'$，$\angle B=230°12'$，$\angle C=158°36'$，求直线 BC、CD 的方位角。

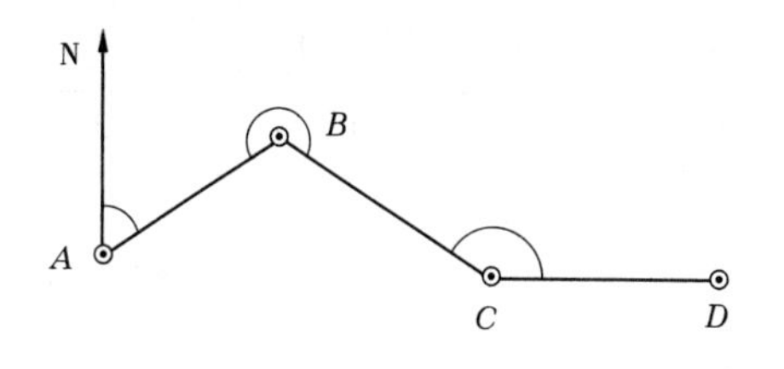

图 164　习题 6 图

7. 已知 A 点坐标 $X=441.29$ m，$Y=443.20$ m。AB 两点的距离 $D_{AB}=190.78$ m，AB 边的方位角为 158°40′42″，计算 B 点坐标(保留两位小数)。

8. 已知 A 点的坐标 $X_A=106.580$ m，$Y_A=649.688$ m，B 点的坐标 $X_B=174.789$ m，$Y_B=619.024$ m，求 AB 边的方位角和水平距离(方位角保留到秒，距离保留到毫米)。

9. 闭合导线(见图 165)计算。观测数据和已知数据见表 21，请完成相关计算，直接填写在表 21 中。

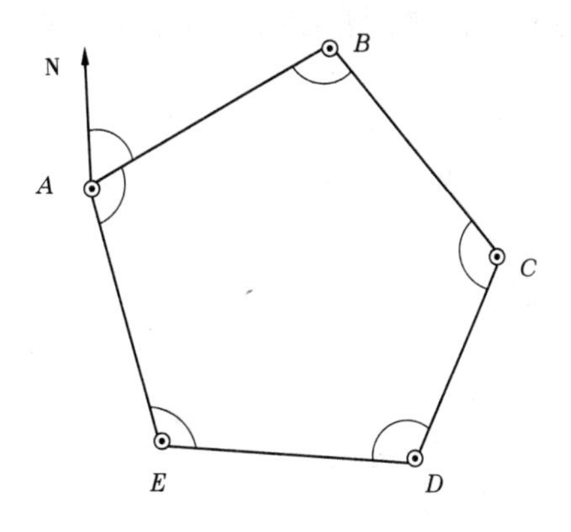

图 165　习题 9 图

表 21　闭合导线坐标计算表

点号	观测角 (° ′ ″)	改正后角值 (° ′ ″)	坐标方位角 α (° ′ ″)	距离 D(m)	增量计算值		x(m)	y(m)
					Δx(m)	Δy(m)		
1	2	3	4	5	6	7	8	9
A	90 07 06						1 234.00	2 314.00
			65 18 00	200.37				
B	135 48 26							
				241.04				
C	84 10 06							
				263.39				
D	108 26 30							
				201.58				
E	121 27 24							
				231.32				
A	90 07 06						1 234.00	2 314.00
			65 18 00					
总和								
辅助计算								

10. 附合导线(见图 166)计算,观测数据和已知数据见表 22,请完成相关计算,直接填写在表 22 中。

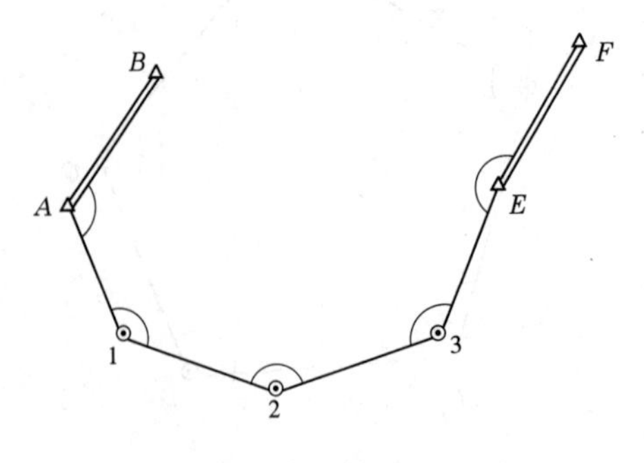

图 166　习题 10 图

表 22 闭合导线坐标计算表

点号	观测角 (° ′ ″)	改正后角值 (° ′ ″)	坐标方位角 α (° ′ ″)	距离 D(m)	增量计算值 Δx(m)	增量计算值 Δy(m)	x(m)	y(m)
1	2	3	4	5	6	7	8	9
B							741.97	1 169.52
			224 02 40					
A	114 17 06							
				182.20				
1	146 58 54							
				121.37				
2	135 12 12							
				189.60				
3	145 38 06							
				150.85				
E	158 02 48						638.43	1 631.50
			24 10 48					
F								
总和								
辅助计算								

11. 图 167 给出了四等水准测量数据，将各站的观测数据按四等水准作业的观测程序填写到表 23 中。

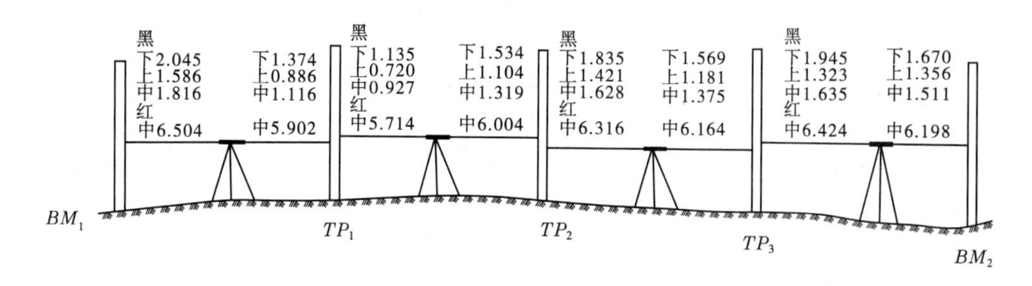

图 167 习题 11 图

表 23　四等水准测量记录表

测站编号	后尺 上丝	前尺 上丝	方向及尺号	标尺读数		K+黑减红	高差中数	备注
	后尺 下丝	前尺 下丝		黑面	红面			
	后视距	前视距						
	视距差 d	$\sum d$						
	①	④	后	③	⑧	⑬		
	②	⑤	前	⑥	⑦	⑭		
	⑨	⑩	后-前	⑮	⑯	⑰	⑱	
	⑪	⑫						
			后					
			前					
			后-前					
			后					
			前					
			后-前					
			后					
			前					
			后-前					
			后					
			前					
			后-前					
			后					
			前					
			后-前					

每页检核

$\sum$⑨ = ________

−) $\sum$⑩ = ________

$L=\sum$⑨ + $\sum$⑩ = ________

$f_{h容}$ = ________

f_h = ________

精度检核结论：

$\sum$③ = ________　　$\sum$⑧ = ________

$\sum$⑥ = ________

$\sum$⑦ = ________　　$\sum$⑮ = ________

$\sum$⑯ = ________

$\sum$[③−⑧] = ________　　$\sum$⑱ = ________

−) $\sum$[⑥−⑦] = ________

= ________

计算检核结论：

12. 如图 168 所示的附合水准线路，已知 BM_1 的高程为 74.053 m，BM_2 的高差为 75.100 m，根据图中的数据，推算各点的高程（L 是水准路线的长度，h 是两点间的高差）。观测数据如图 168 所示，将高差闭合差调整与高程计算结果填写在表 24 中。

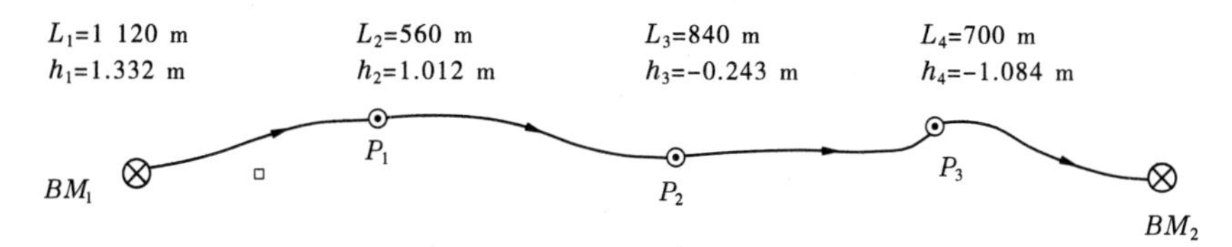

图 168　习题 12 图

表 24　高程误差配赋表

点号	路线长度（m）	高差（m）	改正数（mm）	改正后高差（m）	高程（m）	备注
BM_1					74.053	
P_1						
P_2						
P_3						
BM_2					75.100	
Σ						
计算检核	f_h =		$f_{h允}$ =			

13. 如图 169 所示，已知 AB 边的坐标方位角 α_{AB} = 207°18′42″，B 点的坐标为 X_B =

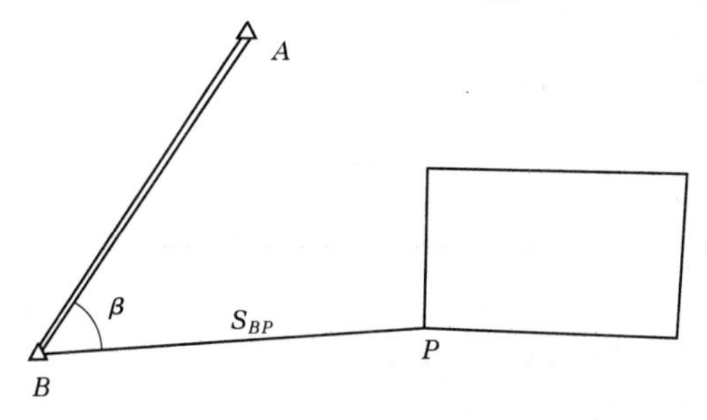

图 169　习题 13 图

423.287 m，Y_B = 543.686 m，房屋的一个角点 P 的设计坐标为 X_P = 455.000 m，Y_P = 660.000 m，经纬仪安置在 B 点，试用极坐标法测设 P 点的放样元素 β 角和距离 S_{BP} 各为多少？

14. 已知水准点 A 的高程 H_A = 72.376 m，B 点的设计高程 H_B = 73.245 m，如果将水准仪安置在 A、B 两点之间，水准仪照准 A 点上的水准尺，读数 a = 1.624 m，试求 B 点水准尺读数 b 应是多少时，B 点上水准尺底部才是其设计高程？

15. 在等精度观测条件下，对某三角形进行四次观测，三个内角之和分别为 179°59′59″、180°00′08″、179°59′56″、180°00′02″。试求（1）三角形内角和的观测中误差，（2）每个内角的观测中误差，将计算结果直接填写在表 25 中。

表 25　角度中误差计算表

观测次数	角值 (° ′ ″)	Δ_i	$\Delta\Delta$	计算
1	179 59 59			
2	180 00 08			
3	179 59 56			
4	180 00 02			
合计	720 00 05			

16. 已知四边形闭合导线内角的观测值（见表 26），计算（1）角度闭合差；（2）改正后角度值；（3）推算出各边的坐标方位角，将计算结果填写在表 26 中。

表 26 方位角推算表

点号	角度观测值(右角)(° ′ ″)	改正值(″)	改正后角值(° ′ ″)	坐标方位角(° ′ ″)
1	112 15 23			123 10 21
2	67 14 12			
3	54 15 20			
4	126 15 25			
Σ	360 00 20			

17. 对某基线丈量 6 次,其结果为 L_1=246.535 m,L_2=246.548 m,L_3=246.520 m,L_4=246.529 m,L_5=246.550 m,L_6=246.537 m。试求 (1)算术平均值;(2)每次丈量结果的中误差;(3)算术平均值的中误差和基线相对误差。将计算结果直接填写在表 27 中。

表 27 距离中误差计算表

丈量次数	基线长度(m)	$v=x-L$(mm)	VV	计算
1	246.535			
2	246.548			
3	246.520			
4	246.529			
5	246.550			
6	246.537			
合计				

18. 对某段距离往返丈量结果已记录在距离测量计算表中,试完成表 28 的计算工作,并求出其丈量精度填写在表 28 中。

表 28 距离测量计算表 (单位:m)

测线		整尺段	零尺段		总计	差值	精度	平均值
AB	往	5×50	18.964					
	返	4×50	46.456	22.300				

工程测量课程实践考核说明

一、考核内容

(1)变仪高法水准测量和水平角测量(2个测回)共10分,本项考核需所有学生参加,2~3人一组,一人观测、一人记录并计算,然后交换。

(2)全站仪闭合导线测量共10分,需要小组全体成员相互配合,共同完成四边形导线测量与计算工作,要求事先在地面上标记出点,每人测一站、记录一站。

二、评分原则

(一)变仪高法水准测量(总分5分,其中时间(速度)占2分,测量质量3分)

1. 时间要求

在3 min以内完成,得2分,每超过1 min扣0.5分,不足1 min按1 min算,扣完为止,超过8 min仍不能提交结果的,本项考核得0分。

2. 质量要求

(1)精度要求(2分):超限,两次高差之差≤5 mm,每超限2 mm扣0.5分,扣完为止。

(2)填写与计算(1分):字迹规范整洁,无划改,计算准确满分;划改、涂改1次扣0.2分,计算错误1次扣0.5分,扣完为止。

(二)水平角测量(总分5分,其中时间(速度)占2分,测量质量3分)

1. 时间要求

在4 min以内完成,得2分,每超过1 min扣0.5分,不足1 min按1 min算,扣完为止,超过8 min仍不能提交结果的,本项考核得0分。

2. 质量要求

(1)精度要求(2分):超限,水平角上下半测回较差≤40″,各测回较差≤24″,每超限10″扣0.5分,不足10″按10″算,扣完为止。

(2)填写与计算(1分):字迹规范整洁,无划改,计算准确满分;划改、涂改1次扣0.2分,计算错误1次扣0.5分,扣完为止。

(三)导线测量(总分10分,其中时间(速度)占4分,测量质量6分)

1. 时间要求

在40 min以内完成,得4分,每超过3 min扣0.5分,不足3 min按3 min算,扣完为止,超过60 min仍不能提交结果的,本项考核得0分。

2. 质量要求

(1)精度要求(4分):超限,水平角上下半测回较差≤40″,每超限10″扣0.5分,不足10″按10″算,此项共2分,扣完为止;角度闭合差≤120″,每超40″扣0.5分,不足40″按40″算,共2分,扣完为止。

(2)填写与计算(2分):字迹规范整洁,无划改,计算准确满分;划改、涂改1次扣0.2分,计算错误1次扣0.5分,扣完为止。

水准测量考核记录表见表29。

表29 水准测量考核记录表

测站	测点	水准尺读数(mm)		高差(mm)	平均高差(mm)	用时 分 秒	姓名
		后视读数	前视读数				

注:表格中用时为现场监考教师填写,并由监考教师签字。

水平角测量考核记录手簿见表30。

表 30　水平角测量考核记录手簿

测站	测回	盘位	测点	水平角读数（° ′ ″）	半测回角值（° ′ ″）	一测回平均值（° ′ ″）	各测回平均值（° ′ ″）	用时（分　秒）	姓名
		左							
		右							
		左							
		右							
		左							
		右							
		左							
		右							
		左							
		右							
		左							
		右							

注：表格中用时为现场监考教师填写，并由监考教师签字。

闭合导线测量考核记录表见表31。

表31　闭合导线测量考核记录表

测站	盘位	目标	水平度盘读数	水平角(° ′ ″)		角度改正数(″)	改正后内角(° ′ ″)	边长(m)
				半测回值	测回值			
1	左							
	右							
2	左							
	右							
3	左							
	右							
4	左							
	右							
合计								

多边形内角和理论值=　　　　　　　　　　角度闭合差=

测量成员：　　　　　　考核用时：　　　　　　现场监考教师签字：

附　录

附录 1　省级测量大赛获奖名单

序号	专业	学生姓名	指导教师	竞赛名称	获奖时间	举办单位	获奖等级
1	水利水电工程	张德全	周利军	2016 年徕卡杯大学生测绘技能大赛	2016 年 6 月	黑龙江省教育厅	水准测量二等奖
2	水利水电工程	王家瑞	周利军	2016 年徕卡杯大学生测绘技能大赛	2016 年 6 月	黑龙江省教育厅	水准测量二等奖
3	水利水电工程	桑维鸿	周利军	2016 年徕卡杯大学生测绘技能大赛	2016 年 6 月	黑龙江省教育厅	水准测量二等奖
4	水利水电工程	刘少伟	周利军	2016 年徕卡杯大学生测绘技能大赛	2016 年 6 月	黑龙江省教育厅	水准测量二等奖
5	水利水电工程	张德全	周利军	2016 年徕卡杯大学生测绘技能大赛	2016 年 6 月	黑龙江省教育厅	团体二等奖
6	水利水电工程	王家瑞	周利军	2016 年徕卡杯大学生测绘技能大赛	2016 年 6 月	黑龙江省教育厅	团体二等奖
7	水利水电工程	桑维鸿	周利军	2016 年徕卡杯大学生测绘技能大赛	2016 年 6 月	黑龙江省教育厅	团体二等奖
8	水利水电工程	刘少伟	周利军	2016 年徕卡杯大学生测绘技能大赛	2016 年 6 月	黑龙江省教育厅	团体二等奖
9	水利水电工程	张云峰	周利军	2016 年徕卡杯大学生测绘技能大赛	2016 年 6 月	黑龙江省教育厅	数字测图二等奖
10	水利水电工程	陈泽曦	周利军	2016 年徕卡杯大学生测绘技能大赛	2016 年 6 月	黑龙江省教育厅	数字测图二等奖
11	水利水电工程	徐钢	周利军	2016 年徕卡杯大学生测绘技能大赛	2016 年 6 月	黑龙江省教育厅	数字测图二等奖
12	水利水电工程	宋红耀	周利军	2016 年徕卡杯大学生测绘技能大赛	2016 年 6 月	黑龙江省教育厅	数字测图二等奖
13	水利水电工程	徐钢	周利军	2016 年龙建杯大学生测量大赛	2016 年 9 月	黑龙江省教育厅	全能二等奖
14	水利水电工程	陈泽曦	周利军	2016 年龙建杯大学生测量大赛	2016 年 9 月	黑龙江省教育厅	全能二等奖
15	水利水电工程	孙德鑫	周利军	2016 年龙建杯大学生测量大赛	2016 年 9 月	黑龙江省教育厅	全能二等奖
16	水利水电工程	张云锋	周利军	2016 年龙建杯大学生测量大赛	2016 年 9 月	黑龙江省教育厅	全能二等奖

续表

序号	专业	学生姓名	指导教师	竞赛名称	获奖时间	举办单位	获奖等级
17	水利水电工程	徐钢	周利军	2016年龙建杯大学生测量大赛	2016年9月	黑龙江省教育厅	水准测量专项一等奖
18	水利水电工程	陈泽曦	周利军	2016年龙建杯大学生测量大赛	2016年9月	黑龙江省教育厅	水准测量专项一等奖
19	水利水电工程	孙德鑫	周利军	2016年龙建杯大学生测量大赛	2016年9月	黑龙江省教育厅	水准测量专项一等奖
20	水利水电工程	张云锋	周利军	2016年龙建杯大学生测量大赛	2016年9月	黑龙江省教育厅	水准测量专项一等奖
21	水利水电工程	徐钢	周利军	2016年龙建杯大学生测量大赛	2016年9月	黑龙江省教育厅	施工放样三等奖
22	水利水电工程	陈泽曦	周利军	2016年龙建杯大学生测量大赛	2016年9月	黑龙江省教育厅	施工放样三等奖
23	水利水电工程	孙德鑫	周利军	2016年龙建杯大学生测量大赛	2016年9月	黑龙江省教育厅	施工放样三等奖
24	水利水电工程	张云锋	周利军	2016年龙建杯大学生测量大赛	2016年9月	黑龙江省教育厅	施工放样三等奖
25	工程造价	娄生辉	张庆海	2017年徕卡杯大学生测绘技能大赛	2017年9月	黑龙江省教育厅	水准测量二等奖
26	工程造价	娄生辉	张庆海	2017年徕卡杯大学生测绘技能大赛	2017年9月	黑龙江省教育厅	导线测量二等奖
27	工程造价	娄生辉	张庆海	2017年徕卡杯大学生测绘技能大赛	2017年9月	黑龙江省教育厅	团体测量二等奖
28	工程造价	王麒	张庆海	2017年徕卡杯大学生测绘技能大赛	2017年9月	黑龙江省教育厅	水准测量二等奖
29	工程造价	王麒	张庆海	2017年徕卡杯大学生测绘技能大赛	2017年9月	黑龙江省教育厅	导线测量二等奖
30	工程造价	王麒	张庆海	2017年徕卡杯大学生测绘技能大赛	2017年9月	黑龙江省教育厅	团体测量二等奖
31	工程造价	张一博	张庆海	2017年徕卡杯大学生测绘技能大赛	2017年9月	黑龙江省教育厅	水准测量二等奖
32	工程造价	张一博	张庆海	2017年徕卡杯大学生测绘技能大赛	2017年9月	黑龙江省教育厅	导线测量二等奖
33	工程造价	张一博	张庆海	2017年徕卡杯大学生测绘技能大赛	2017年9月	黑龙江省教育厅	团体测量二等奖

续表

序号	专业	学生姓名	指导教师	竞赛名称	获奖时间	举办单位	获奖等级
34	水利水电工程	文杰	张庆海	2017 年徕卡杯大学生测绘技能大赛	2017 年 9 月	黑龙江省教育厅	水准测量二等奖
35	水利水电工程	文杰	张庆海	2017 年徕卡杯大学生测绘技能大赛	2017 年 9 月	黑龙江省教育厅	导线测量二等奖
36	水利水电工程	文杰	张作合	2017 年徕卡杯大学生测绘技能大赛	2017 年 9 月	黑龙江省教育厅	团体测量二等奖
37	工程造价	韩富成	张作合	2017 年龙建杯大学生测绘技能大赛	2017 年 7 月	黑龙江省教育厅	水准测量特等奖
38	工程造价	韩富成	张作合	2017 年龙建杯大学生测绘技能大赛	2017 年 7 月	黑龙江省教育厅	全站仪放样二等奖
39	水利水电工程	张少峰	张作合	2017 年龙建杯大学生测绘技能大赛	2017 年 7 月	黑龙江省教育厅	水准测量特等奖
40	水利水电工程	张少峰	张作合	2017 年龙建杯大学生测绘技能大赛	2017 年 7 月	黑龙江省教育厅	全站仪放样二等奖
41	工程造价	李泳燕	张作合	2017 年龙建杯大学生测绘技能大赛	2017 年 7 月	黑龙江省教育厅	水准特等奖
42	工程造价	李泳燕	张作合	2017 年龙建杯大学生测绘技能大赛	2017 年 7 月	黑龙江省教育厅	全站仪放样二等奖
43	水利水电工程	张清刚	张作合	2017 年龙建杯大学生测绘技能大赛	2017 年 7 月	黑龙江省教育厅	水准测量特等奖
44	水利水电工程	张清刚	张作合	2017 年龙建杯大学生测绘技能大赛	2017 年 7 月	黑龙江省教育厅	全站仪放样二等奖
45	水利水电工程	张少峰	贾凤梅	2018 年中海达杯大学生测绘技能大赛	2018 年 6 月	黑龙江省教育厅	二等水准测量二等奖
46	水利水电工程	张少峰	贾凤梅	2018 年中海达杯大学生测绘技能大赛	2018 年 6 月	黑龙江省教育厅	团体二等奖
47	水利水电工程	张少峰	贾凤梅	2018 年中海达杯大学生测绘技能大赛	2018 年 6 月	黑龙江省教育厅	数字测图二等奖
48	工程造价	沈相宇	贾凤梅	2018 年中海达杯大学生测绘技能大赛	2018 年 6 月	黑龙江省教育厅	二等水准测量二等奖
49	工程造价	沈相宇	贾凤梅	2018 年中海达杯大学生测绘技能大赛	2018 年 6 月	黑龙江省教育厅	团体二等奖
50	工程造价	沈相宇	贾凤梅	2018 年中海达杯大学生测绘技能大赛	2018 年 6 月	黑龙江省教育厅	数字测图二等奖

续表

序号	专业	学生姓名	指导教师	竞赛名称	获奖时间	举办单位	获奖等级
51	人文地理	张浩森	贾凤梅	2018年中海达杯大学生测绘技能大赛	2018年6月	黑龙江省教育厅	二等水准测量二等奖
52	人文地理	张浩森	贾凤梅	2018年中海达杯大学生测绘技能大赛	2018年6月	黑龙江省教育厅	团体二等奖
53	人文地理	张浩森	贾凤梅	2018年中海达杯大学生测绘技能大赛	2018年6月	黑龙江省教育厅	数字测图二等奖
54	人文地理	王旭	贾凤梅	2018年中海达杯大学生测绘技能大赛	2018年6月	黑龙江省教育厅	二等水准测量二等奖
55	人文地理	王旭	贾凤梅	2018年中海达杯大学生测绘技能大赛	2018年6月	黑龙江省教育厅	团体二等奖
56	人文地理	王旭	贾凤梅	2018年中海达杯大学生测绘技能大赛	2018年6月	黑龙江省教育厅	数字测图二等奖
57	人文地理	陈强	张磊	2018年中海达杯大学生测绘技能大赛	2018年6月	黑龙江省教育厅	二等水准测量二等奖
58	人文地理	陈强	张磊	2018年中海达杯大学生测绘技能大赛	2018年6月	黑龙江省教育厅	团体二等奖
59	人文地理	陈强	张磊	2018年中海达杯大学生测绘技能大赛	2018年6月	黑龙江省教育厅	数字测图二等奖
60	工程造价	李泳燕	张磊	2018年中海达杯大学生测绘技能大赛	2018年6月	黑龙江省教育厅	二等水准测量二等奖
61	工程造价	李泳燕	张磊	2018年中海达杯大学生测绘技能大赛	2018年6月	黑龙江省教育厅	团体二等奖
62	工程造价	李泳燕	张磊	2018年中海达杯大学生测绘技能大赛	2018年6月	黑龙江省教育厅	数字测图二等奖
63	人文地理	王旭	张磊	2018年中海达杯大学生测绘技能大赛	2018年6月	黑龙江省教育厅	二等水准测量二等奖
64	人文地理	王旭	张磊	2018年中海达杯大学生测绘技能大赛	2018年6月	黑龙江省教育厅	团体二等奖
65	人文地理	王旭	张磊	2018年中海达杯大学生测绘技能大赛	2018年6月	黑龙江省教育厅	数字测图二等奖
66	工程造价	赵若男	张磊	2018年中海达杯大学生测绘技能大赛	2018年6月	黑龙江省教育厅	二等水准测量二等奖
67	工程造价	赵若男	张磊	2018年中海达杯大学生测绘技能大赛	2018年6月	黑龙江省教育厅	团体二等奖

续表

序号	专业	学生姓名	指导教师	竞赛名称	获奖时间	举办单位	获奖等级
68	工程造价	赵若男	张磊	2018年中海达杯大学生测绘技能大赛	2018年6月	黑龙江省教育厅	数字测图二等奖
69	水利水电工程	王禹博	张庆海	2019年达北杯无人机测绘技能大赛	2019年9月	黑龙江省教育厅	团体二等奖
70	水利水电工程	周建	张淑花	2019年达北杯无人机测绘技能大赛	2019年9月	黑龙江省教育厅	团体二等奖
71	水利水电工程	王玉铎	周利军	2019年达北杯无人机测绘技能大赛	2019年9月	黑龙江省教育厅	团体二等奖
72	水利水电工程	冯天昱	孔凡丹	2019年达北杯无人机测绘技能大赛	2019年9月	黑龙江省教育厅	团体二等奖
73	工程造价	周家兴	蔺宏岩	2020年南方杯虚拟仿真测图技能大赛	2020年8月	黑龙江省教育厅	一等奖
74	工程造价	程川	张庆海	2020年南方杯虚拟仿真测图技能大赛	2020年8月	黑龙江省教育厅	二等奖
75	人文地理	张嘉仪	周利军	2020年南方杯虚拟仿真测图技能大赛	2020年8月	黑龙江省教育厅	二等奖
76	水利水电工程	金星汝	刘畅	2020年南方杯虚拟仿真测图技能大赛	2020年8月	黑龙江省教育厅	二等奖

附录 2　省级测量大赛获奖证书

荣誉证书
HONORARY CREDENTIAL
王[illegible]同学：
荣获 2016 年“徕卡杯”黑龙江省高校大学生测绘技能大赛
二等水准测量　二等奖
黑龙江省教育厅高等教育处　黑龙江省测绘地理信息学会
2016 年 6 月 25 日

荣誉证书
HONORARY CREDENTIAL
徐钢同学：
荣获 2016 年“徕卡杯”黑龙江省高校大学生测绘技能大赛
数字测图　二等奖
黑龙江省教育厅高等教育处　黑龙江省测绘地理信息学会
2016 年 6 月 25 日

2016 年“徕卡杯”黑龙江省高校大学生测绘技能大赛获奖证书

荣誉证书
徐钢、张云峰、陈泽曦、孙德鑫同学：
在第六届“龙建杯”全省大学生测量技能大赛水准测量专项中荣获
一等奖
特发此证，以资鼓励
指导教师：周利军、张淑花
黑龙江省教育厅　黑龙江省公路学会
二〇一六年九月

荣誉证书
徐钢、张云峰、陈泽曦、孙德鑫同学：
在第六届“龙建杯”全省大学生测量技能大赛中荣获
全能二等奖
特发此证，以资鼓励
指导教师：周利军、张淑花
黑龙江省教育厅　黑龙江省公路学会
二〇一六年九月

荣誉证书
徐钢、张云峰、陈泽曦、孙德鑫同学：
在第六届“龙建杯”全省大学生测量技能大赛施工放样专项中荣获
三等奖
特发此证，以资鼓励
指导教师：周利军、张淑花
黑龙江省教育厅　黑龙江省公路学会
二〇一六年九月

2016 年“龙建杯”黑龙江省高校大学生测量技能大赛获奖证书

荣誉证书

张少峰、张清刚、李泳燕、韩富成 同学：

在第七届“龙建杯”黑龙江省高校大学生测量技能大赛水准测量专项中荣获

特等奖

特发此证，以资鼓励。

指导教师：张作合　王振芬

黑龙江省教育厅　黑龙江省公路学会

二〇一七年十月十八日

荣誉证书

张少峰、张清刚、李泳燕、韩富成 同学：

在第七届“龙建杯”黑龙江省高校大学生测量技能大赛全站仪测量专项中荣获

二等奖

特发此证，以资鼓励。

指导教师：张作合　王振芬

黑龙江省教育厅　黑龙江省公路学会

二〇一七年十月十八日

2017 年“龙建杯”黑龙江省高校大学生测量技能大赛获奖证书

荣誉证书

张一博 同学：

荣获 2017 年“徕卡杯”黑龙江省高校大学生测量技能大赛

二等水准　二等奖

黑龙江省教育厅高等教育处　黑龙江省测绘地理信息学会

2017 年 9 月 23 日

荣誉证书

文杰 同学：

荣获 2017 年“徕卡杯”黑龙江省高校大学生测量技能大赛

一级导线　二等奖

黑龙江省教育厅高等教育处　黑龙江省测绘地理信息学会

2017 年 9 月 23 日

2017 年“徕卡杯”黑龙江省高校大学生测量技能大赛获奖证书

荣誉证书

HONORARY CREDENTIAL

绥化学院二队代表队：

荣获2018年“中海达杯”黑龙江省高校大学生测绘技能大赛

团体总成绩二等奖

指导教师：贾风梅

参赛队员：陈强、赵若男、王旭、李泳燕

黑龙江省测绘地理信息局　黑龙江省教育厅　黑龙江省科学技术协会

二〇一八年六月二十四日

荣誉证书

HONORARY CREDENTIAL

绥化学院二队代表队：

荣获2018年“中海达杯”黑龙江省高校大学生测绘技能大赛

数字测图二等奖

指导教师：贾风梅

参赛队员：陈强、赵若男、王旭、李泳燕

黑龙江省测绘地理信息局　黑龙江省教育厅　黑龙江省科学技术协会

二〇一八年六月二十四日

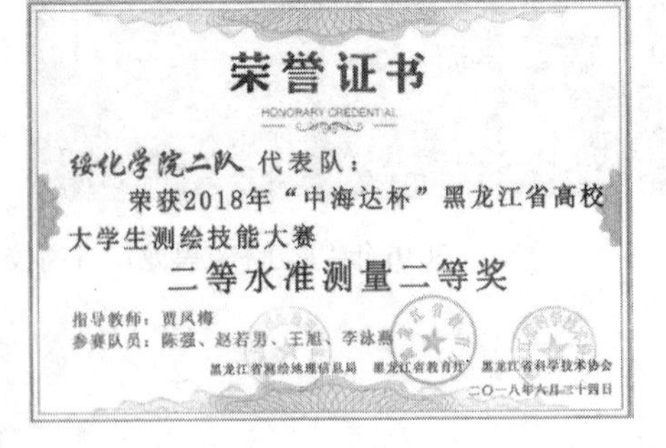

荣誉证书

HONORARY CREDENTIAL

绥化学院二队 代表队：

荣获2018年“中海达杯”黑龙江省高校大学生测绘技能大赛

二等水准测量二等奖

指导教师：贾风梅

参赛队员：陈强、赵若男、王旭、李泳燕

黑龙江省测绘地理信息局　黑龙江省教育厅　黑龙江省科学技术协会

二〇一八年六月二十四日

2018 年“中海达杯”黑龙江省高校大学生测绘技能大赛获奖证书

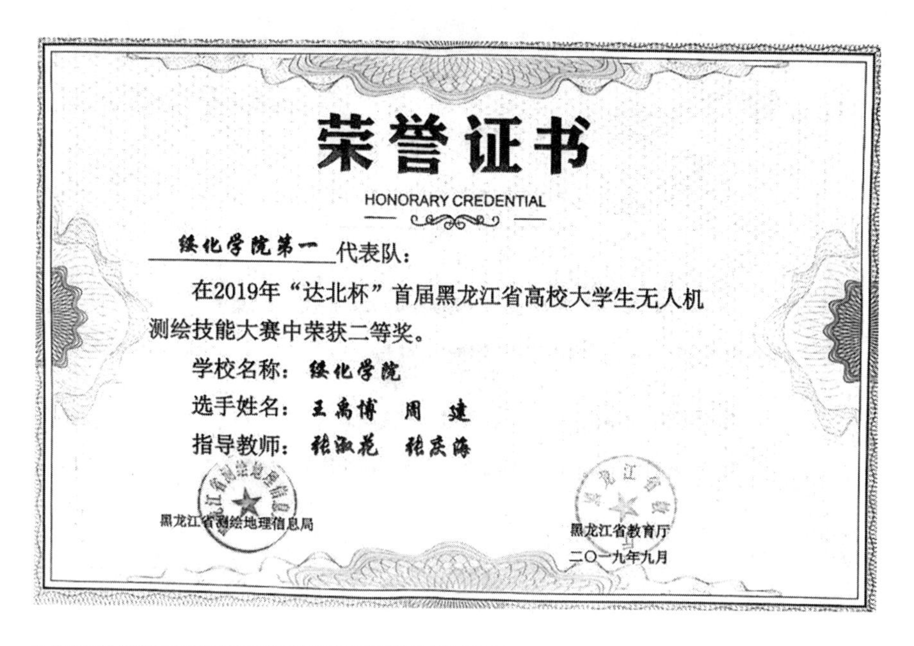

荣誉证书

HONORARY CREDENTIAL

绥化学院第一代表队：

在2019年“达北杯”首届黑龙江省高校大学生无人机测绘技能大赛中荣获二等奖。

学校名称：绥化学院

选手姓名：王禹博　周　建

指导教师：张淑花　张庆海

黑龙江省测绘地理信息局

黑龙江省教育厅

二〇一九年九月

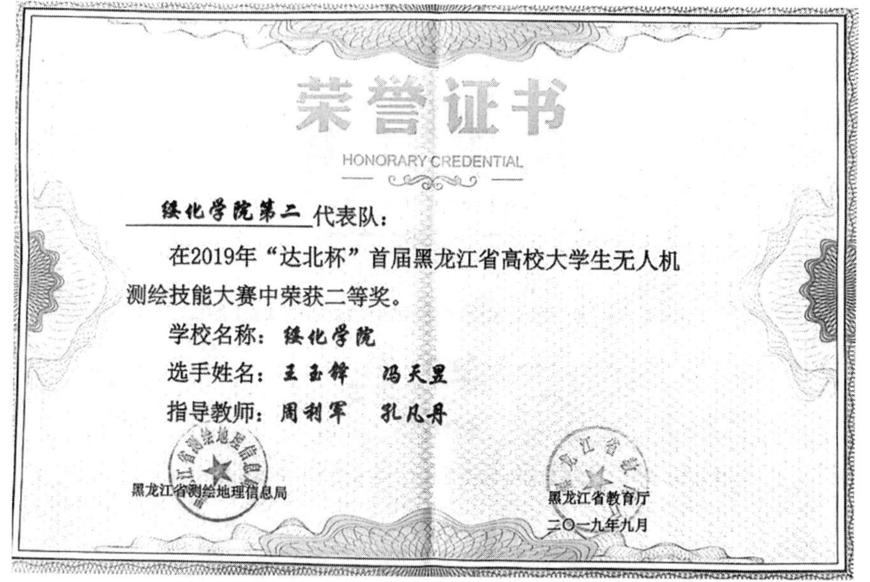

荣誉证书

HONORARY CREDENTIAL

绥化学院第二代表队：

在2019年“达北杯”首届黑龙江省高校大学生无人机测绘技能大赛中荣获二等奖。

学校名称：绥化学院

选手姓名：王玉锋　冯天昱

指导教师：周利军　孔凡丹

黑龙江省测绘地理信息局

黑龙江省教育厅

二〇一九年九月

2019年“达北杯”首届黑龙江省高校大学生无人机测绘技能大赛获奖证书

荣誉证书

HONORARY CREDENTIAL

绥化学院代表队：

在 2020 年“南方杯”黑龙江省高校大学生虚拟仿真测图技能大赛中荣获：

一等奖

参赛选手：周家兴　　指导教师：蔺宏岩

黑龙江省教育厅 黑龙江省测绘地理信息局 广州南方测绘科技股份有限公司

二〇二〇年八月

荣誉证书

HONORARY CREDENTIAL

绥化学院代表队：

在 2020 年“南方杯”黑龙江省高校大学生虚拟仿真测图技能大赛中荣获：

二等奖

参赛选手：程　川　　指导教师：张庆海

黑龙江省教育厅 黑龙江省测绘地理信息局 广州南方测绘科技股份有限公司

二〇二〇年八月

荣誉证书

HONORARY CREDENTIAL

绥化学院代表队：

在2020年“南方杯”黑龙江省高校大学生虚拟仿真测图技能大赛中荣获：

二等奖

参赛选手：张嘉仪 指导教师：周利军

黑龙江省教育厅 黑龙江省测绘地理信息局 广州南方测绘科技股份有限公司

二〇二〇年八月

荣誉证书

HONORARY CREDENTIAL

绥化学院代表队：

在2020年“南方杯”黑龙江省高校大学生虚拟仿真测图技能大赛中荣获：

二等奖

参赛选手：金星汝 指导教师：刘 畅

黑龙江省教育厅 黑龙江省测绘地理信息局 广州南方测绘科技股份有限公司

二〇二〇年八月

2020年“南方杯”黑龙江省高校大学生虚拟仿真测图技能大赛获奖证书

参考文献

[1] 王建雄,周利军.工程测量实践指导[M].郑州:黄河水利出版社,2014.
[2] 靳祥升.工程测量技术试验指导与习题[M].郑州:黄河水利出版社,2004.
[3] 李希灿.测绘实训[M].北京:化学工业出版社,2015.
[4] 何习平,张鑫.工程测量[M].郑州:黄河水利出版社,2009.
[5] 刘茂华,杨春艳.工程测量[M].上海:同济大学出版社,2015.
[6] 王劲松.土木工程测量[M].北京:中国计划出版社,2008.
[7] 刘茂华,任东风.工程测量[M].北京:清华大学出版社,2015.
[8] 伊晓东,金日守.测量学教程[M].大连:大连理工大学出版社,2007.
[9] 许绍铨,张华海.GPS原理及应用[M].武汉:武汉大学出版社,2011.
[10] 南方测绘仪器有限公司.工程之星3.0用户手册.2011.
[11] 广州南方卫星导航有限公司.S86S使用手册.2013.
[12] 南方测绘仪器有限公司.GPS数据处理软件操作手册.2006.
[13] 上海华测导航技术股份公司.云图数据采集软件使用说明书.2014.
[14] 苏州一光仪器有限公司.中文数字键全站仪110系列使用说明书.2014.
[15] 刘玉梅,王井利.工程测量[M].北京:化学工业出版社,2009.
[16] 张风举,张华海.控制测量学[M].北京:煤炭工业出版社,1999.
[17] 广东南方数码科技有限公司.CASS地形地籍成图软件用户手册.2010.